有機農業大国キューバの風

生協の国際産直から見えてきたもの

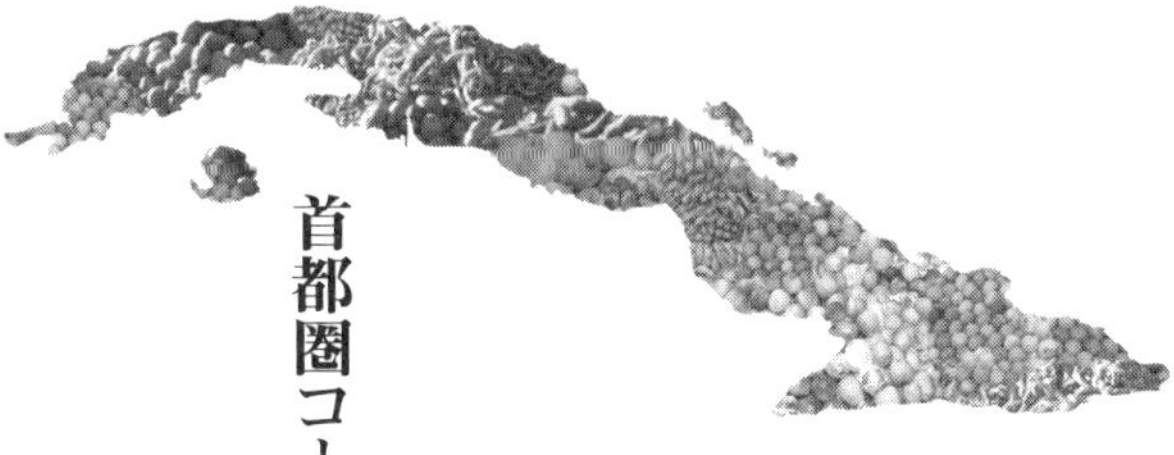

首都圏コープ事業連合 編

緑風出版

刊行に寄せて

『有機農業大国キューバの風』の出版は素晴らしい企画です。それがこの度実現しました。

近年、キューバの諸機関と日本の生協運動との関係は大変効果的な形で大きく発展しました。この関係は最初、個人的レベルでのキューバ革命との連帯、あるいは、キューバに関する情報不足やアメリカのマスコミによって歪められたキューバ像に対し、正しい現実を知らせる行動という形で始まったものです。

多くの生協組合員や幹部の方々がキューバを訪問され、キューバの国民や機関、指導者とフランクな接触を持つ中で、キューバの現実を直接知り、アメリカの歴代政権が四〇年以上にわたりキューバ国民とキューバ革命に対してすすめてきた犯罪的な経済封鎖とイデオロギー闘争に断固と立ち向かいながら、経済社会発展をめざして闘うキューバの姿を自分の目で確認する機会を持ちました。

キューバ国民の楽天性と明るさ、自己犠牲は、生協運動の代表者の方々の感動を呼び、それが政治的連帯、文化的社会的交流から商品の取引、有機農業技術や環境保護問題での交流に至る多様な分野で、有効かつ有益な作業を共同ですすめることにつながりました。

時折しも、日本・キューバ両国関係は現在多くの活動の上で回復・増大の過程を辿っています。なかでも、ハイレベルの政策対話、輸出保険再開による貿易拡大、日本人旅行者の増大、音楽ダンスを中心とするキューバ文化の人気などが特筆できます。

その中で、生協運動は貴重な貢献をしてくれています。それは、キューバへの愛情と関心が関係を促進し、永続的な真の友好を育み、平和を愛し人類の幸福を願う人々の関係の基礎となる信頼と尊重を生み出してくれたからです。

キューバに関する様々な側面、テーマを幅広く網羅したこの本は、両国民の協力関係を進めるために大きく貢献することでしょう。

読者の方々は、この本の内容を豊かにしてくれた対談者への感謝の気持ちを私と共有されるであろうと確信します。彼らは犠牲も報復も恐れることなく、正義と道理の側に立ち長年献身的に闘って来た勇気ある寛大な人たちです。

日本とキューバの友好発展への貴重な貢献となるこの出版を実現していただいたご努力にたいし、キューバの国民と諸機関に代わり、深く感謝致します。

駐日キューバ大使　エルネスト・メレンデス

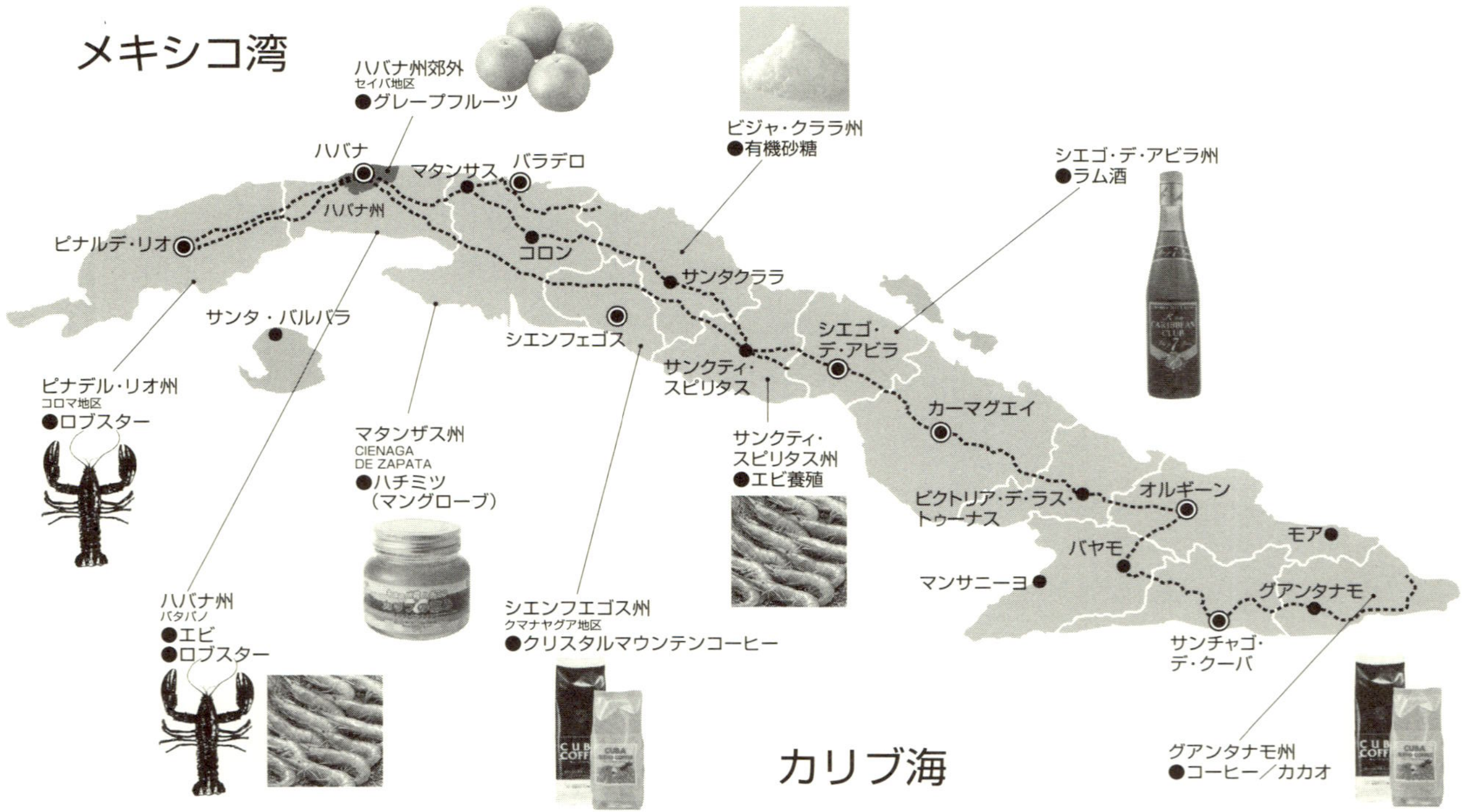

メキシコ湾
ハバナ州郊外
セイバ地区
●グレープフルーツ
ビジャ・クララ州
●有機砂糖
シエゴ・デ・アビラ州
●ラム酒
ハバナ
マタンサス
バラデロ
ハバナ州
ピナルデ・リオ
コロン
サンタクララ
サンタ・バルバラ
シエンフェゴス
シエゴ・
デ・アビラ
サンクティ・
スピリタス
ピナデル・リオ州
コロマ地区
●ロブスター
マタンザス州
CIENAGA
DE ZAPATA
●ハチミツ
（マングローブ）
サンクティ・
スピリタス州
●エビ養殖
カーマグエイ
ビクトリア・デ・ラス
トゥーナス
オルギーン
モア
バヤモ
マンサニーヨ
グアンタナモ
サンチャゴ・
デ・クーバ
ハバナ州
バタバノ
●エビ
●ロブスター
シエンフエゴス州
クマナヤグア地区
●クリスタルマウンテンコーヒー
カリブ海
グアンタナモ州
●コーヒー／カカオ

有機農業大国 キューバの風
生協の国際産直から見えてきたもの

目次

目次

有機農業大国
キューバの風

生協の国際産直から
見えてきたもの

私たちにとってのキューバ

【生活協同組合が創った暮らしの場からの結びつき】

大窪（司会）　一九九九年、首都圏コープ事業連合（以下首都圏コープと略称）がキューバコーヒーの国際産直を実現いたしました。その後、この事業は順調に発展してきまして、産直の産品も広げられ、生協組合員の支持を得て供給が拡大されています。それだけでなく、単に消費物資の産直共同購入にとどまらず、キューバとの人と人との交流、連帯も進んでまいりました。すでにキューバ交流訪問団は四次を数え、昨年（二〇〇一年）二月二七日から第四次のキューバ交流訪問団がキューバを訪れています。

このキューバとの国際産直、市民レベルでの交流は、これまでの日本の生協の国際産直、あるいは広く日本の民間の国際連帯活動にない新しい質をもったものになっていると思います。

その新しい質とはどういうものかは、これから追々お話の中で明らかになっていくと思いますが、とりあえず視点としては次のような点が注目されると思います。

まず、これが生活の場からの交流・連帯であるという点です。生活協同組合は、自分たちの暮らしに必要な消費物資を自分たちで共同購入し、あるいは商品自体を自分たちで開発し、それを通じて自分たちの生活を協同自律管理していく運動として始まり、発展してきました。今回のキューバとの産直、交流も、あくまでもその視点から行なわれてきたもので、政治や文化の視点からまず始まるのではなく、日本の生協組合員の生活、キューバの生産者の生活がふまえられていて、そこから展開されてきた点が特徴です。

ですから、特別な知識や問題意識をもった人たちではなく、普通の生活者、市民が自分たちの生活の場から国際交流していく形になっているわけで、日本とは非常に異なった生活を営んでいるキューバとの交流によって、自分たちの生活を見直し、ライフスタイルを変えていく契機を含んでいる点が重要だと思います。一方で、交流が深まるにつれて、日本の生活者の側からキューバの人たちになんらかの影響を及ぼしていくことももちろんできるわけです。

また、これと関連していますが、個人個人や小さなネットワーク組織の交流ではなく、多様で広範な組合員からなる大きな生活者組織が交流

の主体になっている点が特異だと思います。だから、生活という非常に一般的なベースの上に幅広いものになりうるといえます。

しかも、これは単なる交流ではなくて、事業を通じた結びつきだという点が重要です。双方にとって経済的なメリットがなければ、事業を通じた連帯はできません。日本の生協組合員は、日本では生産されていない質の高い産品を、しかも市場よりかなりの低価格で利用することができます。キューバ側は、アメリカ合衆国による経済封鎖やソ連圏の崩壊などで陥っている経済困難、特に著しい外貨不足を改善する助けになります。そういう双方にメリットがある関係においてこそ、国際交流、連帯は根づき発展しうるのだと思います。

また、これまでの生協の国際産直と比べますと、人と人との交流がともなっていて、むしろそれが前面に出ている。それも産直品の生産者との交流だけでなく、国民全体を対象にした市民レベルの交流がともなっているのが特徴的です。協同組合は資本の結合ではなく人の結合だとよくいわれますが、それを国際的なレベルで追求するものになっています。

これまで行なわれてきた交流・連帯は、まだまだ初歩的なものだし、規模も大きくはありません。しかし、いま述べたような点を含めて、非常に貴重な芽がここにはあるように思われます。

今日、アメリカ主導のグローバリゼーションが急速に進められる中で、日本でも「国際化」がますます強く叫ばれていますが、その「国際化」とは、市場原理至上主義の弱肉強食の論理に基づきながら国際競争力をつけていこうというものに終始しているように思われます。日本社会、日本人が国際化しなければならないことは確かでしょう。しかし、それはどういう国際化であるべきなのか。首都圏コープのキューバとの交流・連帯は、そこに「もう一つの国際化」のモデルを提供するものになろうとしているように思われます。その意味では、けっして生協という範囲にとどまらない問題を提起しているのではないでしょうか。

そうした広がりをもった問題として話し合っていただければと思います。

【大きく変わったキューバ認識】

大窪　「特別な知識や問題意識をもった人たちではなく普通の生活者、市民の交流・連帯」と申しましたが、今回の試みの中心になられた方々自体が、多くが、キューバについて特別な知識や問題意識をもっていたわけではありませんよね。おそらく平均的日本人のキューバ認識とそうかけ離れたものではなかったように思いますが……。

濱口　私の場合、まったくその通りです。キューバについては、ほとんどまったく知識はありませんでした。キューバというと思い出すのは少年時代のキューバ危機のことぐらいでした。一九六二年に、キューバにソ連のミサイル基地が発見されたというので、米ソの戦争に発展するかもしれないと、非常な国際緊張が起こった。そのとき、私も少年ながら、核戦争が起こるかもしれないという大きな危機感をもった。そのときの強い印象が残っています。だけど、思い出したのはほとんどそれだけでした。

それ以前の一九五九年のキューバ革命については、よく知らなくて、のちに労働組合運動に参加したころに、ゲバラやカストロのことを聞いて名前を覚えたくらいで、一九七〇年代にはキューバがソ連型の経済建設に取り組むようになったこともあって、キューバというのはソ連の衛星国みたいなもんだと思っていました。私自身は当時からソ連の社会主義には批判的でしたから、キューバに対してもいいイメージはもっていなかった。そういう悪いイメージだから、どういう実情なのか知ろうともしなかったわけですね。

首都圏コープがキューバとのコーヒーの産直に取り組むことになったのは、私の前任者の中澤満正理事長のときですが、中澤理事長が一九九八年の生協・協同組合交流団の代表の一人としてキューバに行ってきて、これからコーヒーの産直をやりたいと言ったときにも、なんでキューバなのか、と率直にいって疑問でした。それで、一九九九年の第二次訪問団でキューバに行ったのも、正直なところ、しかたなく、という感じだったんですが（笑い）、そのとき実際にキューバを見て、キューバ人と接してみて、まったくイメージが変わったんですね。それまで漠然ともっていたイメージと全然違ったんですね。これはおもしろい国だ、おもしろい人たちだと、大好きになっちゃったんですよ（笑い）。その年の八月にはＪＡＬのキューバ直行便が就航したんで、その第一便で今度はプライベートでキューバに行ったんですね。

大窪　ハバナ直行便が就航したんで、キューバが近くなりましたね。

濱口　そうなんですね。そのまさに第一便で、家族や友人とプライベートで行ってきて、それで、ますます、キューバの魅力の虜《とりこ》になりました。二〇〇〇年には第三次訪問団でまた行きまして、いまではすっかりキューバにはまってしまって（笑い）、酒を飲むと必ず「キューバはいいよ」という話になってしまう（笑い）。その中で、キューバ関係の本も何冊か読みまして、これまで知らなかったキューバの実像に認識を深めることができました。

まあ、私の先入観を、ちょっと行っただけで打ち砕いてくれたキューバは、すごいもんだと思いますよ。

山本　私の場合も、キューバ認識という点では濱口理事長と同じようなもので、当時の商品部全体の雰囲気も、「なぜキューバなの？」という感じでした

キューバコーヒー

ね。けれど、キューバ産コーヒーを具体的に検討してみて、これはいけると思ったわけです。私の場合は、商品部ですから、まず商品が問題なんですね。みなさん、キューバに行かれてコーヒーを飲んでみて、これはおいしい、と思われたでしょ？

大窪　ラテンアメリカでは一般にコーヒーの焙煎が深くて、すごく濃く煎れたコーヒーにたくさん砂糖を入れて飲むでしょ。それが日本人の飲み方に合わないように思いますけどね。だけど、首都圏コープが日本国内で焙煎したキューバコーヒーはおいしかったですよ。

山本　そうでしょ！　問題はそこですよ。さきほど事業を通した結びつきといわれましたが、生協の場合、まず問題なのは産地の国家や社会ではなくて、商品の品質と価格です。それが組合員のニーズに合って、供給する価値があるものなのかどうか、それが先決問題です。だから、私たち商品部は、まずキューバコーヒーがおいしいかどうか、商品としていけるかどうか、そこから出発しました。そして、非常に品質がいいことがわかったわけです。上品な風味で優れた酸味をもっていましてまろやかな味が特徴です。しかも有機栽培で生産されている。価格も市場価格よりかなり低く抑えられる可能性がある。これはいける。組合員に供給する価値がある。私の場合、出発点は、キューバの社会がどうだとかいうことではなくて、そこだったわけですね。

今日のキューバ社会について知るようになったのは、そのあとのことです。大窪さんが書かれた『風はキューバから吹いてくる』（同時代社）を読んだりして、こいつはおもしろそうだと

ゲバラは今もキューバ国民の英雄だ

思うようになって、二〇〇〇年にキューバに行ってみて、実際にそれが裏づけられて、私もキューバファンになりました。

【静かなキューバ・ブーム】

大窪　これまでの三次の訪問団の報告書を読みますと、参加者の感想に、キューバについてはよく知らなかったり、あまりいい印象をもっていなかったりしたのが、実際に行ってみて認識を改めた、キューバファンになったという報告が目立ちますね。これは身びいきや我田引水《がでんいんすい》ではなく、実際にキューバに接してみると評価を改めざるをえない、それだけの魅力を今日のキューバが特に先進国の市民に対してもっているということだと思います。

　これまでの日本人のキューバ認識をふりかえってみますと、一九五九年のキューバ革命の直後には、インテリゲンティアを中心にかなりのシンパシーが見られました。これは社会主義者や左翼だけでない広がりをもっていたものでした。L・ヒューバーマン、P・M・スウィジーの『キューバ』（岩波新書）が一九六〇年に、ライト・ミルズの『キューバの声』（みすず書房）が六一年に、それぞれいち早く翻訳されてよく読まれていますし、六六年の堀田善衛の『キューバ紀行』（岩波新書）に至るまで、キューバに対する好意的な論評が、社会主義者や左翼にだけでなく、一定の広さで受け入れられていく時期がありました。

この時期にはゲバラだけではなくカストロも人気があって、革命を主導した七月二六日運動とキューバ革命全体が評価されていたのが特徴ですが、やがてゲバラだけが特に区別されて評価されるようになります。これが著しくなるのが、一九六八年から世界的に巻き起こったスチューデントパワーの時期で、ゲバラは反乱のシンボルになります。

日本でもそうでした。左翼は、旧左翼も新左翼も、それぞれの観点からキューバに熱い眼差しを送り、全体的な反体制の雰囲気の中でゲバラがヒーローになっていきました。

六七年にボリビアでゲバラが戦死したあと、カストロとゲバラが対立していたという観測が流されるようになり、七〇年代に入って、カストロがアンチヒーローに転化していきます。そして、キューバがソ連型の経済建設を採り入れるようになるとキューバの人気は落ちていって、日本のジャーナリズムではほとんど採り上げられなくなります。ほとんど忘れられた存在になっていったといっていいと思います。そして、さきほど濱口さんがおっしゃったような、キューバはソ連の衛星国という認識が大勢を占めていくわけです。
ですから、一九八九年のベルリンの壁崩壊、九一年のソ連崩壊のあとには、キューバも早晩崩壊するだろうと見られて、それでも頑固に社会主義を守っているというので、北朝鮮と並んで「ならず者国家」視されるまでになりました。日本でも、一般には、なんか暴力的で恐い国というイメージでしたよね。

その間でも、サルサやトゥローバといったキューバの音楽とダンスについては根強いファンがいましたし、アレッホ・カルペンティエールなどのキューバ文学に対する注目も一部にはあったのですが、やがて一九九七年頃からヨーロッパでゲバラ・ブームが突然に再燃して大きく盛り上がり、キューバ・ブームに発展していきました。第一次の生協・協同組合交流団がキューバに行ったのが九八年二月ですが、このころから、この新しいキューバ・ブームが日本にも波及しはじめて、九八年にはキューバを訪れた日本人観光客が倍増するという現象が見られました。

山本　その後も日本ではキューバ・ブームが静かに進行していると思うんですね。一昨年(二〇〇〇年)には、キューバの「ブエナ・ビスタ・ソシアル・クラブ」バンドの音楽と映画が大ヒットしましたよね。主に若者文化に見られる現象のようですが、若者にとどまらない広がりをもちはじめているような気がします。そういう中で「キューバ」というのは、なかなかカッコいい、斬新なイメージをもったシンボルになりつつあるように思うんですが、その要因は何なんでしょうね。

大窪　私たちにとってキューバとは何か、ということですね。それをこれからいろいろな面から話し合っていきたいと思いますが、私は一言でいうなら「とらわれることのないフットワークのよさ」がキューバの魅力のキーワードだと思っています。現在、日本はずいぶん自由なように見えますが、私たちが享受しているのは、実際はさまざまなものにとらわれた、とらわれざるをえない、みみっちい自由なのではないかという気がします。

それに比べると、キューバは物質的に貧しいし、社会主義だし（笑い）、自由がないように見えますが、人間の生き方としてみると、ずっととらわれるところがないのではないかという気がします。それは、ラテンアメリカ、あるいはラテン社会に共通する面と、キューバ独自の面と二つあると思いますが、それが重なって、キューバ人の生き方というのは、日

街のいたるところでキューバ音楽があふれている

本人の生き方にずいぶんとインパクトをあたえてくれるもののような気がします。キューバから吹いてくる風は、私たちを自由にして、精神的にサルサのステップをふませてくれるのではないでしょうか。それが、おそらく世界的なキューバ・ブームの底にあるのではないかと思います。

【熱帯社会主義】

大窪　「私にとってのキューバ」、もう少し若い（笑い）大田さんの場合はいかがですか。

大田　私の場合も、キューバというと、あまりいいイメージをもっていなくて、コメコン体制（旧ソ連時代に作られた、ソ連・東欧社会主義諸国の貿易・経済圏）に組み込まれたスターリン主義国家と頭から決めつけて嫌っていたのが実情で、キューバとの交流といっても積極的になれないのが正直なところでした。その後、いろいろ話を聞いたり調べたりしてだんだん認識を改めるようになって、二〇〇〇年一一月にハバナで開かれた第一回キューバ友好連帯国際会議に参加しました。この会議には各国政府代表者、政党代表者だけでなく、市民団体や研究者、個人の参加も多く、多彩な顔ぶれで、私は経済封鎖をテーマにした分科会の議論に参加して、いろいろと交流することができましたし、全体会議では外務大臣のフェリペ・ペレス・ロケ、国家評議会副議長のカルロス・ラヘといったポスト・カストロの若手指導者の演説を聞いて、キユーバの新しい方向について認識を深めることができました。結論的にいって、キューバの方向はアメリカ主導のグローバリゼーションに反対し、市場原理主義に対置する新しい社会経済のありかたを模索しているものだという印象を受け、これは日本にとっても「もう一つの道」を示唆するものだと思いました。

それから、街を歩いてみて、貧しいけれど健全な社会を築いているという印象を受けました し、民族差別や男女差別が抑制され、「赤い貴族」といわれるような特権層が存在しないことに感心しました。全体としておおらかで明るい「ソシアリスモ・トロピカル」（熱帯社会主義）という感じで、今後の発展に期待感をいだかせられました。

栃原　私は、東京都の水道局の現業労働者で、職場では労働運動をやっていますし、地域では高齢者のNPOの活動もやっています。それから、樋口さんたちと協同社会研究会を通じて、協同組合、生協のような消費組合だけではなく、労働者の生産協同組合にも関わりをもってきました。そういう、私自身がやってきた労働組合運動やNPOの取り組み、協同社会研究会での協同組合地域社会の研究などの中から、以前からヨーロッパのラテン社会、特にスペインの協同組合のありかたに関心をもっていて、そこからラテンアメリカ社会にも関心をもっていたんですね。そうした観点から、転換期にあるキューバにも協同組合セクターが組織されれば新たなシステムが生まれる可能性があると思っていたわけです。

キューバには二〇〇〇年の第三次訪問団に参加させていただいて初めて行きまして、訪問団のスケジュールが終わったあと、現地に残って、一週間ほど市民の暮らしを見てきました。主にハバナ周辺とピノス島というカリブ海の島をまわったんですが、印象的だったのは、暮らしは貧しいけれど不安をもっていないということ、物は乏しいけれど実にゆったりした暮らしだということでした。欲望が変に歪んでいない。こせこせと上昇しようとしていない。そんな感じでしたね。ピノス島でめずらしく乞食に会いましたが、綺麗な身なりをしているんですね、キューバの乞食は（笑い）。乞食もこせこせしていない。日本でいうと、まだ高度経済成長が本格化していない一九六〇年代初めの田舎町のような雰囲気を感じました。貧しくても暗さのない人々ががやがやと活気に満ちて生きている街を見ていると、私たちが失ってしまったものがここにはあるという喪失感と懐かしさを同時に感じました。

キューバでは教育も医療も無料で、保育施設も完備している。食糧も最低の必要な分は配給でまかなえる。住宅も公営住宅が供給されていて、一〇年でしたか二〇年でしたか、ある一定期間住んでいると自分のものになる。ということで、貧しいとはいっても衣食住の最低限は保障されているわけで、いま日本で話題になっている言葉で言えば、セイフティネットはそれなりに整備されているわけですね。そういう条件の下では、大窪さんが『風はキューバから吹いてくる』でいっていた「いま・ここ」で生きる喜びを満喫する生き方を身につけていれば、ゆったりと豊かに暮らせるんだと思うんですね。ともかく、モノは貧しいけれど、不安をもたずにゆったりと暮らしているという印象をもちました。

ソシアリスモ・トロピカル、熱帯社会主義といわれましたが、キューバの現在の社会主義は「いま・ここ」の社会主義をめざしているように思えるんですよ。これまでの社会主義は、そうではなくて、「やがて・どこか」の社会主義、いま・ここでは、ともかくがんばって生産力を高めて蓄積をしていけば、将来、地上の楽園がもたらされるというものでしかなかったと思うんですね。永遠の理想を掲げて、現在はその過渡期なんだから、我慢してがんばれという社会主義でしたよね。そうではなくて、いま・ここにこそ永遠がある。現在を犠牲にしないで、理想は掲げるけれど、その理想を現在に内在化させることをこそ追求する。そういう社会をつくろうとしていると感じましたね。そういうキューバのありかたからは、セイフティネットの上に個体的所有をセットした協同所有を組み立てていく新しい社会のイメージが見えてくるような感じがしました。

【幻滅の果てに】

大窪　岩垂さん、田中さん、樋口さんの世代は——といっしょにするのは失礼かもしれませんが——僕たちと違って、一九五九年のキューバ革命以後、一貫してキューバに注目してきたのではないかと思いますが、どうですか。

岩垂　私は朝日新聞の記者をしているときに世界中のほとんどの社会主義国を訪問して取材

しました。ソ連、中国はもちろん、東欧の諸国にも行きましたし、ヴェトナム、朝鮮にも何回も行きました。行ってないのはキューバだけでした。それで、はっきり言って、どこの社会主義にも幻滅したわけです。理念は輝かしいものだけれど、現実はまったくそれを裏切っている。

私は社会主義国の中でも、ソ連や中国のような大国ではなくて、小さな社会主義国に関心があったんですね。ヴェトナムとか朝鮮とかですね。それは、社会主義国に限らず小さな発展途上国が超大国アメリカの圧力とどう対抗するか、ということに興味があったからなんです。それでキューバにも非常に関心があったわけです。キューバは、ほとんどアメリカの腹の中のような位置にあって、アメリカの強大な圧力を受けながら、それに抵抗しつづけてきたわけですからね。だけど、訪問する機会がなかったんです。

それで、新聞社を退職してから、やはり私が一貫して関心をもって取材してきた協同組合から誘いがあったとき、喜んで参加したわけです。一九九八年の最初の交流団のときです。行ってみて、ほかの社会主義国と非常に違うことにびっくりしたんです。

違いはいろいろありましたが、まず驚いたのは、自由に取材ができたことです。これまでの社会主義国での経験では、市民から話を聞くこと自体が容易ではなかったんです。特にジャーナリストだとわかると、話をしてくれない。会ってくれても、おまえと会ったことは隠してくれと言うんですね。監視をされていて、あとで問題にされるからですね。話してくれても、率直な話をしてはくれない。公式的なことしか言わない。それが、キューバでは、自由に会えたし、自由に話が聞けたわけです。そして、なんでも率直に話してくれるんですね。私は、観光客用の三輪車に乗って、運ちゃんに「きみの暮らしを見せてほしい」と言ったら、自分の家までつれていってくれて、家族も紹介してくれて、いろいろ見せてくれた。貧しい暮らしでしたよ。それを、なんのこだわりもなく見せてくれ、話をしてくれた。これにはびっくりしました。

それから、個人崇拝がないこと。カストロ個人崇拝がない。そういうことを言っている人がいたんですが、私はやっぱり個人崇拝はあるんだろうと思っていました。ところが、実際に行ってみると、そういうものが感じられない。むしろ個人崇拝が生まれるのをカストロ自身が抑制しようとしている。これは非常に稀なことで、社会主義国ではどこでも個人崇拝が著しかったことは周知の事実で、私はいやというほどそれを見てきました。指導者自身が個人崇拝を抑制しようとしたのは、生前のホーチミンとまだ生きているカストロくらいしかありません。

それに関連して、特権階級の形成が抑止されていること。まったくないとはいいません。特権層はある。けれど特権の種類が非常に少ないし、特権の程度が非常に低い。ノーメンクラトゥーラ、いわゆる「赤い貴族」はキューバには存在していない。それどころか、自由主義諸国に比べても、政府の指導者や官僚と国民との距離が非常に小さい。指導層が清潔なんです。権力に非常に清潔感を感じましたね。これも実地に確かめて驚きました。そういう指導者だから、市民も不満があっても、それが内にこもらないで明るくのどかなんだと思いましたね。規制され、監視された生活という印象が滞在中はなかったですね。ほかの社会主義国では、どこでも公安の目を感じるんですね。街には警官の姿ばかりが目立つ。だけど、キューバではそういうことがなくて、第一、街に警官の姿が少なかったですよ。そして、警官が威張っていない。

それからキューバ人の生活は、食生活も住生活も、確かに貧しいと感じましたが、社会主義諸国でも発展途上国でも、どこでもいつも出会う乞食や物乞い、ストリート・チルドレンにはキューバでは会わなかった。そして、物質的には貧しいけれど、ずいぶん豊かでもあるという印象を受けました。生活の豊かさというのは、物質的豊かさだけではない、もっと総体的な生き方の豊かさみたいなものが問題なんだということを、キューバに行ってあらためて感じさせられましたね。確かに、配給所に行ってみても、非常に物資が乏しい。けれど、生き方を含めた全体的な意味では日本より豊かなんじゃないかと思いました。

ほかにもいろいろと感じたことがありましたが、ともかくキューバ社会は、さまざまな危機要因をかかえているけれど、にもかかわらず基本的に安定している。この社会主義はそう簡単には崩壊しないだろう。そう思いました。その印象は、社会主義諸国に幻滅してきただけに、新鮮なものでした。

【原点としての「オリーブ色の革命」】

田中　私は、大学に入学したのが一九五八年、その翌年がキューバ革命です。そして、日本では一九六〇年の安保闘争に入っていくわけです。私たちはいわゆる「六〇年安保世代」なんですね。私も学生運動に参加しました。キューバ革命のとき、カストロは三〇歳そこそこ、まだ青年ですよ。彼らの運動体である七月二六日運動は学生運動の延長のようなものだったし、革命幹部会という学生運動団体が主要な同盟組織だったわけで、当時の私たちにとっては、キューバ革命は青年学生運動が起こした革命という感じでした。そういうところで共感したんですね。

そのころ、アジアでも南朝鮮で六〇年の四・一九学生革命で学生運動によって李承晩独裁政権が打倒されたり、学生運動が高揚していた時代でした。その中で自分も安保反対の学生運動に加わっていったわけですから、キューバでは青年学生運動が革命をやったぞ、というふうにとらえたわけですね。そういう意味での強いシンパシーをもっていたわけですよ。

そして、ラテンアメリカでは、それまでにも、いくつもの国で革命が行なわれたけれど、みんなアメリカの介入でつぶされてきたんですね。それに対して、キューバは、革命前にはアメリカの半植民地状態にありながら、しかも天気のいい日にはフロリダが見えるというくらい、アメリカに近いところに位置しながら、その直接・間接の干渉や圧迫に負けずに、革命政府を守ってきた。よくがんばっているなあ、という印象をもちつづけてきました。

その後のキューバの動向をきちんとフォローしてきたわけではないんですが、玄人《くろうと》の職業革命家の地下組織による、暗いところをもった革命ではなくて、素人の青年学生による明るい革

1950年代のアメ車が、今も街を走る。これも革命の名残りだ

命というイメージは、ずっともってきて、それはいまでも変わらないんですね。ですから、私にとってはキューバというのは、ほかの社会主義諸国とはもともと違うイメージなんです。そういう意味では、最近の若者の間でのゲバラ・ブームやキューバへの共感も、自分の若いころの感じとそのまま重なってくるんですよ。

それから、一九九八年の第一次訪問団でキューバに実際に行ってみまして、私は農業経済が専門ですから、その面からキューバを見て、環境保全型の農業を推進している点、それをきっかけにしながら循環共生型の社会システムを創ろうとしている点などに新しい可能性を見る思いがしましたが、それも、もともとはといえば、カストロやゲバラがそれまでの前衛党や社会主義革命とは関係なく、まったく独自に革命を始めたことを考えれば、当然のような気がしましたね。そして、そういう要素がまだ生きていることにうれしさを感じました。実際に見たキューバ人に感じた明るさ、それからプライドというのも、そういうところに根ざしているんじゃないかと思いましたね。

大窪　キューバ革命のときのフィデリスタ（フィデル・カストロを中心とする集団）は既存の社会主義国家の方向に向かおうとはまったく考えていませんでしたからね。カストロは、革命直後に、我々は資本主義にも共産主義にも同意しない、キューバ革命の色は赤ではなくオリーブの緑である、と言っています。資本主義国家は人間の生存を犠牲にする、共産主義国家は人間の権利を犠牲にする、我々はどちらにも同調しないでオリーブ色の革命を推進するというのですが、これは単なるレトリックや戦術的な宣伝ではなくて、その後の国際情勢の変化の中で紆余曲折を強いられながらも、底のところでフィデリスタが一貫して維持してきた観点であるように思われます。だから、今日の社会建設の方針も、社会主義世界体制が崩壊したから方針転換したというのでは必ずしもなくて、もともとのところに根ざしているというか、いわば原点にもどったものだと思いますね。

樋口　私もキューバ革命のときからの熱烈なキューバ・ファンでね。その当時は、労働運動をやっていたんだが、一回除名されたあと復党した日本共産党員だった。またあとで除名されたけどね（笑い）。ともかくキューバ革命には非常に親近感をもった。そのころには、共産党にも、反中央派の中には、おんなじようにキューバ革命に親近感をもっている連中はけっこういてね。「自治労・都職労七月二六日運動」なんて組織をつくったやつらもいたよ。一九六〇年頃の話だよ。

その親近感の要因にはいろいろあるけれど、いまほかの人たちが言わなかったことで言うと、こんなことがあるわけだよ。

例えば、堀田善衛の『キューバ紀行』（岩波新書）に出てくるけれど、革命後に初代大統領と総理大臣が、彼らは革命運動家じゃなくて旧体制下の法律家だったんだが、一万ドルの給与を要求したのに対して、カストロとゲバラは俺たちは七〇〇ドルでいいって言ったわけだよ。このあと、すぐに大統領と首相はアメリカに亡命しちゃった。一万ドルと七〇〇ドルだよ。これなんか、革命キューバの平等の精神を端的に表していると思うんだな。そして、その精神は、いまにいたるまで、ずっと貫かれてきていると思うんだな。それが一つ、それから、それよりもっと驚いたことがある。

一九五三年七月二六日に、カストロたちはサンティアゴ・デ・クーバのモンカダ兵営を襲撃した。この襲撃は失敗して、カストロの同志の多くが殺され、残りもみんな逮捕されたわけだけれど、これがキューバ革命の狼煙《のろし》になったわけだ。だから、彼らの革命運動組織は七月二六日運動と名づけられたわけなんだな。

革命が成功したあと、このモンカダ兵営襲撃の追悼記念集会が行なわれた。このとき、集会の壇上には殺された革命家の遺族が招かれて並んでいただけではなく、そのときの襲撃で死んだバティスタ独裁政権軍の兵士の遺族も招かれていたんだな。この話を聞いて、俺は非常な感銘を受けた。これは、ちょっとまねできないことだよ。歴史上、こんなことってあるかい。勝てば官軍、負ければ賊軍というのが世のならいだよ。明治維新の官軍が勇敢に戦った会津藩士を追悼したかい。靖国神社は、官軍の戦死者を祭ったもんだろ。およそ、世界史上の革命において、革命家を殺した兵士は反革命として指弾されこそすれ、追悼されたりはしない。それを革命キューバは殺された革命家といっしょに追悼した。これは、ほんとうに希有なことで、すごいことだと思うんだな。そして、キューバ革命の精神を象徴していることだよ。

大窪　しかも、モンカダ兵営襲撃のときには、猛り狂ったバティスタが、「兵士一人の死に対してフィデリスタ一〇人を殺せ」と命令して、逮捕されたカストロ・グループと市民六一人が翌日までに拷問の末に殺されているんですよ。その凄惨な模様は、ロベール・メルルのドキュメント『カストロのモンカダ襲撃』（現代世界ノンフィクション全集第二三巻、筑摩書房）に出てきます。そういう仕打ちを受けながら、襲撃で死んだ敵兵士も同じ犠牲者だといって追悼するというのは、非常に気高い行為だと思いますね。

樋口　シエラマエストラでゲリラ戦をやっていたときでも、ゲリラ隊の将兵は、どんな場合でも捕虜の生命を尊重して、戦傷者には手当を加え、重要な情報をもっている敵にも絶対に拷問を加えないことを規律にしていた。だから、ゲリラ隊の軍医であったゲバラは敵の負傷兵の治療のために何度も危険を冒しているわけだよ。このことによって革命軍の正義と高貴の精神をバティスタ軍の将兵に示すことになるんだ、と彼らは言っていた。「革命の道義」をこのようにして打ち立てようとしていたわけで、キューバ革命はそういう意味での道義的革命であったし、その後の社会建設も、そういう意味での道義的社会を創ろうとするものであったと俺は思う。こういう精神は、社会主義とは直接関係がないかもしれない。けれど、そういう精神をもった社会主義こそ支持できるものであることは確かなんじゃないかな。

それは、だけど、非常に狭い道徳で縛るというようなもんじゃないいんだな。もっとおおらかで明るい、こだわりを捨てた、オープンな道義性だよ。それが、「熱帯社会主義」といわれるゆえんなのかもしれないと思うな。

それから、さっき岩垂さんが言った個人崇拝の問題だけど、俺が一九九一年に最初にキューバに行ったとき外務省に行ったんだが、外務省にだってカストロの写真が掲げてないんだな。ホセ・マルテイとチェ・ゲバラの写真だけだよ。それで調べてみたら、確か革命後三年くらいしたときだと思うが、存命中の指導者の肖像や写真を掲げることを法律で禁止しているんだな。俺は北朝鮮にも行ったけど、あそこじゃ、金日成・金正日親子の写真が部屋ごとにかかっているわけだよ。ホテルの部屋にもかかっているし、食堂にもかかっている。対照的だと思ったな。キューバの指導者は無私の精神をもっているし、道義的に高いものをもっているよ。だから、官僚も腐敗しないいんだと思うな。

大窪　なるほどね。みなさんのキューバに対するかつての認識と現在の想いがだいたいわかりました。最後に私のことをちょっと申し上げます。

私は一九九八年の生協・協同組合交流団にまぎれこませていただいて、初めてキューバにまいりました。私の場合、キューバに関心をもっていたのは、キューバが社会主義国だからというよりも、ラテンアメリカの国だったからでした。一九九〇年に仕事でコロンビアに行きまして、これが私のラテンアメリカ初体験でした。このとき、コロンビア人や日系人の取材をして、ラテンアメリカの魅力に目覚めまして、それからメキシコ、グアテマラなどを訪れて、ラテンアメリカ的生活態度に自分にはない生き方をさらに発見していきまして、キューバは話に聞くともっとおもしろいらしい、ということで期待していたわけです。その期待は裏切られませんでした。

そして、それ以外の面でも大きな発見がありました。その中でいちばん大きかったのは、いま樋口さんがおっしゃった革命の道義、清廉な政権ということでした。キューバ革命は四〇年を経ようとしていましたが、その「オリーブ色の革命」の原点を見失っていない点に驚きました。ロシア革命は四〇年その道義を守ったでしょうか。二〇年を経ずして大粛清です。中国革命は四〇年その道義を守ったでしょうか。四〇年後の一九八九年には、上海に物乞いがあふれていました。四〇年経とうとして、いまだにその道義を保っているキューバを応援したいと思いました。

清廉な政権といいましたが、それはキューバが「清潔」に管理された社会、官僚的な「無菌」社会になっているというものではありませんでした。むしろ、ほかのラテンアメリカ社会同様、キューバは隙間だらけの社会でした。政府や党の官僚は、どこの国より官僚らしくなく見え、人々は率直に裏表なくホンネで生きているように見えました。小ぶりで、ジャンプ力があり、フットワークのいい社会だと思って、その点がまた気に入りました。

さて、一通り、「私にとってのキューバ」をお話しいただいたところで、いまのお話の中で出てきたキューバ社会の特質、キューバの魅力については、あとであらためてお話しいただくとして、ここで、首都圏コープのキューバとの産直、交流がどのように実現していったのか、その中で明らかになったことは何だったのか、そうした点をふりかえって、お話しいただければと思います。

協同組合、キューバへ行く

【キューバへのアプローチ】

大窪　首都圏コープのキューバとの結びつきには前史があって、そもそもは樋口さんのキューバへのアプローチから始まったわけですね。

樋口　一九九一年に世界一周航海のピースボートに乗り組んでキューバに初めて行ったわけです。世界一周のツアーで、私は水先案内人ということで、船内の講師を務めていました。そのときは折からのソ連、東欧の社会主義の雪崩をうった崩壊を受けて、アメリカはキューバをぶっつぶすチャンスだと構えていた。だから、マイアミに寄港しようとしたピースボートに対して、アメリカ政府は、キューバに行くんだったらマイアミ寄港を認めないと通告してきたんです。当時アメリカ政府は、ソ連崩壊を受けて、キューバをつぶすチャンスだ、というんで構えていたわけだからね。キューバに加担することになるあらゆる行為を妨害しようとしていた。それに対して、いま社民党の衆議院議員で政審会長の辻元清美たち若いピースボート主催者は、そんな干渉はおかしい、と反撥した。そんな脅かしにびびることはない、俺たちが決めることなんだから、かまうことはねえ、マイアミにも入り、キューバにも行こう、ということで通告を拒否して、ハバナに入港した。

　そうしたら、キューバではえらい大歓迎でね。当時世界中からキューバも崩壊するだろうと思われて孤立していたときですからね。日本人四〇〇人がアメリカの干渉を蹴ってキューバに来てくれたというので、大変に喜んで、外務省から会見を申し込まれた。私が代表で外務省に行って、当時の外務次官と会いました。キューバ共産党の機関紙『グランマ』には二日にわたって大きく報道されましたよ。それでキューバ政府機関との結びつきができたわけだな。

　それ以前からキューバには親近感をもっていたし、注目していたんだが、このソ連圏崩壊の状況の下では、いずれにしてもキューバも何らかの転換をせざるをえないだろうと思っていた。どのような転換をすべきか。そこで俺が考えていたのが協同組合のことなんだ。私は牛協の専従をしていたこともあるし、その後もずっと生協運動には関係していたわけでね。そして、国際的には、一九八〇年のICA（国際協同組合同盟）モ

スクワ大会で採択された「西暦二〇〇〇年における協同組合」という文書に注目していたわけなんだな。

このいわゆるレイドロウ報告では、西暦二〇〇〇年に向けての世界の協同組合の選択として、四つの「優先分野」を掲げていた。第一が「世界の飢えを満たす協同組合」、第二が「生産的労働のための協同組合」、第三が「社会の保護者をめざす協同組合」、第四が「協同組合地域社会の建設」の四つですよ。このような優先分野を掲げた協同組合運動は、キューバのような第三世界諸国にとって大きな意義をもちうると私は考えていた。また、一九八八年のＩＣＡストックホルム大会では「協同組合の基本的価値」と題するマルコス報告が行なわれて、そこでは「参加」「民主主義の徹底」「誠実」「他者への配慮」が協同組合の基本的価値とされていた。これもキューバに適用可能だと考えていたわけだ。

だから、外務次官に会ったときに、むこうが、我々は率直に言って非常に苦しい状態にあるって言うから、そんなら、協同組合の助けを借りたらどうかって言ったんだよ。それで国際協同組合同盟の方針や日本の生協の現状を話したんだよ。これと提携したらどうか。そのためには、キューバにも早急に自主的な協同組合を組織してほしい。そうしたら、私は日本の協同組合との提携のために努力する。それはきっとキューバの助けになるだろう。そう言ったんだよ。俺はもともとオルグが専門だからね（笑い）、一所懸命にオルグしたわけだよ。そうしたら、むこうは、熱心に聞いて、かなり関心を示してね、考えてみると言っていたよ。これは脈があると俺は思ったんだな。

それで、キューバにも協同組合を組織して、それと日本の協同組合とが提携すれば、キューバの新しい社会システムづくりに貢献できると考えて、働きかけを始めたわけなんだ。日本に帰ってから、さっそく駐日キューバ大使とも会った。生協や労働組合にも働きかけをした。通商の道も探ってみた。それから、首都圏コープ、コープかながわ、生活クラブなどの生協とキューバ大使との交流を組織して、日本生協連国際部も含めて協議して、ともかく生協代表団をキューバに送って、提携の道を探ることになった。また、一九九五年にカストロが中国・ヴェトナム訪問の帰りに来日したときには、当時の衆議院議長・土井たか子との会見をセッティングして、土井さんから日本の生協のことを説明してもらい、生協代表団がキューバに行く予定だと伝えたところ、カストロは強い関心を示したというので、これはいけると思ったわけなんだな。

ところが、生協のほうの事情があって、役員が交代したりして、この企画はしばらく頓挫してしまった。それから、俺が一九九七年にふたたびピースボートに乗り組んでキューバに行ったときに、向こうでANAP（Asociación Nacional de Agricultores Pequeños　中小農民全国連合）の国際部長と会談して、日本の生協と提携してコーヒーなどの交易を行なうこと、そのために生協代表団がキューバを訪問することなどを協議して、ANAPが受け入れてくれることになったわけなんだ。

それで日本に帰ってから、駐日キューバ大使のメレンデスを招いて田中学さんが理事長をしていた東大生協を視察してもらったりした。同時に、キューバに関心をもっている生協・協同組合関係者にあらためて呼びかけて、一九九八年の生協・協同組合交流団の訪問が実現したという、そんな経過です。

大窪　要するに、初めはキューバに協同組合を組織しよう、それと日本の協同組合が提携しようという樋口さんの構想からスタートしたわけですね。産直の話はむしろあとからということになりますね。

樋口　もちろん、最初から産直といった事業での提携は視野に入れていたけれど、キューバの転換に際して協同組合セクターを位置づけてほしいという発想が先行していたことは確かだな。

だけど、途中からキューバコーヒーの国際産直が実現可能だとわかって、これを突破口にしていこうとしたわけだよ。

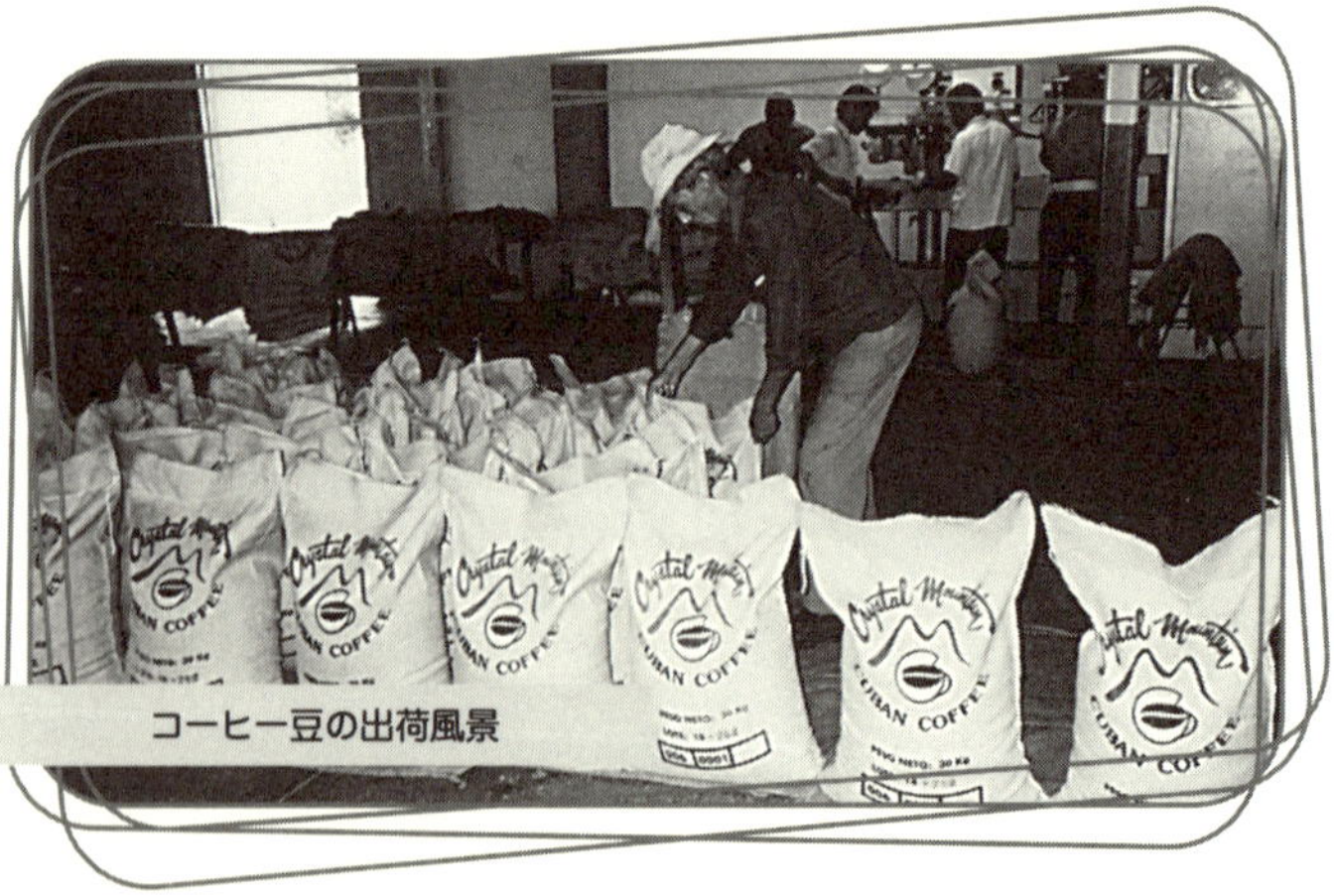

コーヒー豆の出荷風景

【キューバコーヒーの国際産直へ】

大窪　その最初の交流団には私もまぎれこませていただいたわけですが、団員には生活クラブ生協や日本生協連の関係者がいたものの、生協を正式に代表したメンバーとしては、首都圏コープの中澤満正理事長と、東大生協の田中学理事長のお二人だけでした。コーヒーの産直を具体的に考えていたのは中澤さんだけでしたよね。それも、行きの飛行機の機内で中澤さんのお話をうかがったら、事前に調査・検討してみた結果では、いろいろとむずかしい問題がある、簡単には実現しないだろう、向こうでどう交渉しようかと、むしろ困惑気味でした。キューバ側の諸機関と協議をして訪問の日程が終わった時点でも、状況は基本的には変わらず、難問山積というところだったと思います。

当時、日本の生協はどこも困難な時期にさしかかっていて、守りの姿勢に入っていました。そろそろリストラにかかろうとしていた時期ですよね。特に国際活動の分野は縮小されていっていました。私は、樋口さんが最初にキューバに行かれたころに、日本生協連の機関誌の『生協運動』で、一年間、各地の生協の国際交流活動を取材して連載したことがあります。そのころは、まだ日本の生協の国際活動は盛んで、主要な生協は国際部を置いて、諸外国の生協や協同組合と交流や提携事業をかなり活発にやっていました。ところが、九八年段階では、単位生協レベルでは、多くの生協でプロパーの国際担当がいなくなって兼任の担当者が細々とやっていたり、国際活動は事実上休止状態になっていたりという状況で、私も樋口さんのお言いつけで知り合いのいくつかの単位生協のトップにキューバコーヒーの扱いを打診したりしてみましたが、どこでも、「おもしろいですね。おもしろいですけど……」とあとは言葉を濁すという対応でした。「……ですけど、それどころじゃないんですよ」というのがホンネだったと思います。ところが、しばらく経って、首都圏コープが産直を実現したと聞いて、正直、びっくりしました。よくできたなあ、と思いました。あらためてお伺いしますが、どうやって実現にこぎつけられたんでしょうか。

樋口　問題の一つは、生協内部でこれをどう位置づけて組合員の合意形成を図るかという問題があったろうと思うな。それから、もう一つの大きな問題は、コーヒーの輸出を担当しているキューバ貿易省の下部機関であるキューバエキスポートと日本の商社との間で、日本へのコーヒーの生豆の輸出に関する独占的な契約があって、これに対する配慮が最大の難問だったわけだよ。

山本　そうなんです。その商社との間で日本向けキューバコーヒーのほぼ全量、年間二〇〇〇トンを引き受けてもらっていて、当然、この取引が価格決定権をもっていたわけです。たしかに、キューバ側にとってもアメリカの経済制裁下で二〇〇〇トンをまとめて引き受けてもらっているわけで、これはこれで大切な取引だったわけです。

濱口　二〇〇〇年までの独占契約でしてね。一九九六年にアメリカはヘルムズ・バートン法という法律を合衆国議会で議決していまして、これは第三国のキューバとの通商に対しても制裁を課すという法律なんです。ですから、この商社としては、これにひっかかって制裁を受けないように、ドル建ての決裁ではなく、円建ての固定相場で取引していたわけです。

大窪　そういう事情があったわけですね。中澤さんも言っていましたが、生豆を輸入して国内でロースト（焙煎）しようとしたら、この商社系列を通すしかない。それでは産直にならないわけですよね。それに代わる方法としては焙煎された豆の輸入が考えられる。キューバ側の機関もこれを勧めていました。だけれど、これだとキューバ国内での焙煎後から日本で組合員に供給するまでの品質管理の技術、保管体制、流通計画が非常に大変である、と。そういうわけで、中澤さんは頭をかかえていました。

山本　そうですね。コーヒーのおいしさは、豆の品質、焙煎のしかたのほかに、鮮度が非常に重要なんですね。ですから、焙煎してから日数が経ってしまうと、せっかくのコーヒーをおいしく飲むことができませんので、焙煎後の処置が大きな意味をもつわけです。

濱口　そういうことで、私たちも、中澤理事長の報告を聞いて、それはやっぱり生豆を輸入するしかないだろう、そうでなければ産直の意味がないと考えて、その方向を追求しました。それだけど、独占契約があるんだからむずかしいだろうな、というのが正直なところでした。それで実現しなければ、しょうがないから、やめよう。だいたい、そんな姿勢でしたね。そういう中で、その障害を打ち破ったのは、むしろキューバ側の積極的な姿勢だったんです。キューバ大使から直接、あの企画をぜひ実現しようと言ってきたんです。そこには本国からの強力なプッシュがあったんですね。キューバエキスポートから国際部長が来日した際にさらに話をつめまして、むこうは、それじゃあ、日本向けの生豆の輸出については、さきの商社との独占契約とは別に特別枠を設けよう、というんですね。それで、交渉は急速にスムーズに進んで、一九九九年の二月に第二次の訪問団がキューバに行く前には、基本的に商談が成立して、準備が整ったんですね。キューバ・サイドは非常に積極的でした。

この背景には、日本の経済界とキューバとの間の問題があったんです。実は、八〇年代の半ばにキューバは日本企業に対する債務支払いを停止していまして、このために日本からの新規投資は停止していましたし、交易もうまくいっていなかったわけです。この問題が解決しないままにずっときていたんですね。貿易でも、キューバは日本に商品を買ってほしいんですけれど、貿易拡大を呼びかけても、そんな事情で日本の商社はなかなか乗ってこない。そういう状況の下で、九八年の第一次交流団が協同組合レベルで交易をしようとキューバにやってきたわけですよ。

樋口　そういう意味では対日貿易拡大の突破口になったわけだよ、首都圏コープとの取引が。そして、その後、債務についてはリスケジュール（債務繰り延べ）の交渉が進んで、打開されていくわけだけれども、その突破口になった。

大窪　だけど、独占契約があるのに特別枠を設けてまで推進しようとしたというのは、単に対日貿易の拡大ということだけではなくて、日本の協同組合との提携を進めようという位置づけがあってのことだと思いますね。

第一次交流団は、いろんな政府機関に対して協同組合の意義を精力的に説いて、キューバ共産党政治局員・国際局長のバラゲールには、約束の三〇分を大幅に超過して二時間以上にわたって、樋口さんや中澤さん、田中先生が協同組合の意義をぶちまくりましたからね（笑い）。

濱口　九九年の第二次訪問のときに、駐キューバ日本大使の田中三郎さんに会いましたら、田中大使は、バラゲールさんから日本の生協の代表に会って会談したと聞いてびっくりした、あの人は非常な要人で大変忙しくて、めったに会見できないのに、と驚いていましたよ。

大窪　あとで党内序列を調べてみたら、バラゲールは第五位で、イデオロギー担当も兼任していて、国家評議会（国家の最高意志決定機関）の評議員でもあります。そこでは議長・副議長を除くと序列三番目ですから、党機関でも国家機関でも中枢部にいる人間です。

樋口　まあ、彼らが協同組合、それから日本の生協に関心をもったことは確かだろうな。

大窪　私なんかは、どこまで通じているのか疑問だったんですけど、ちゃんと受けとめていてくれたんですね。キューバコーヒーの国際産直が実現したことについては、対日経済関係の打開という要因も大きかったんでしょうが、やはり協同組合の意義を正面から説いてわかってもらったということも大きかったように思います。独占契約があるのに特別枠を設けたというのは、ある種の政治判断がなければできないことのように思われますしね。やはり協同組合とのフェアトレードの意義をキューバ政府が積極的に位置づけたのだと思います。

【首都圏コープの国際提携ポリシー】

大窪　さきほど生協内部でこの産直をどう位置づけて合意形成を図るか、という問題が指摘されましたが、キューバ・サイドはそういうことだったとして、首都圏コープ・サイドではどうだったんでしょうか。

山本　私たちは、生活クラブ生協やグリーンコープといっしょにオルター・トレード・ジャパンという民衆交易のための組織を設立していまして、ここを通じて、従来の交易とは異なる民衆レベルのオルターナティブ・トレード、「もう一つの交易」を推進してきました。この組織では、いちばん有名なのは、フィリピンのネグロスの生産組合とのバナナの産直ですが、ラテンアメリカではメキシコ、ペルーなどの生産者とそういう交易をやってきました。例えばペルーの場合には、コカ（麻薬コカインの原料になる）の代替作物としてコーヒーの栽培をしている生産者組織と提携してコーヒーの輸入を行なうといったことをやってきました。そういうオルターナティブ・トレードの経験の上に今回のキューバコーヒーの産直も成り立っているわけです。

濱口　第三世界との交易では、政府機関や民間企業を通じた輸入では、実際には政府や企業が潤うだけで、生産者の利益がなかなか図れない場合が多いわけですね。ですから、政府機関などを飛ばして、現地の生産者組織と直接トレードをする。そのことによって、生産者の利益になり自立に貢献できる取引ができるし、消費者の要求を直接伝えて、それを活かした生産物を交易できるわけです。このようにすれば、国内の産直共同購入と同じように、生産者・消費者が、おたがいに相手が見えて、共存・共生できる関係、フェアトレードが実現できるわけですね。そういう交易関係を我々は追求してきました。

コーヒー豆の実、真っ赤に熟してから収穫される

キューバコーヒーの輸入に関しても、理念、精神は同じです。けれど、キューバの場合には、まずキューバの経済制度上、まずキューバエキスポートという輸出公団、つまり政府機関を相手にした交易になる点が違うわけです。その点では、私たちがこれまで行なってきた国際産直とは違うところがあります。しかし、

実質的には私たちのこれまでのポリシーを貫くことができますし、度重なる交流で政府機関との信頼関係もできましたし、生産者との直接交流もできる。それにまた、国家・政府を介した交流ということで、これまでのオルターナティブ・トレードとは違った広がりをもった提携関係ができるという点で、おもしろい展開が可能になってくると思ったんですね。

キューバというのは、国土がほぼ日本の本州ぐらいの広さですが、人口は約一一〇〇万人と東京都と同じくらいで、国家予算の規模では東京都よりも小さいわけです。国家レベルで首都圏コープが交易相手としてつきあうには、ちょうどいい規模なんじゃないかと思っているんですよ。

大窪　そういう理念、精神に基づきながら、キューバコーヒーという具体的な商品については、どんな検討が行なわれたんですか。

山本　首都圏コープでは、国際提携品の開発の上では、次のようなポリシーをもっているんですね。まず、食糧自給率の向上をめざして、国内の農畜産業が消費者の支持を受けて発展するように生協としても努めることです。ですから、国内で生産できるものは国内の生産物を供給することを基本にしています。コーヒーの場合は国内で生産されていませんから、国際提携品の開発が必要になるわけですね。

それから、もう一つのポリシーとしては、環境保全型農業と有機農産物の普及に努めることです。これは消費者に安全な農産物を供給するということと同時に、消費者の側から環境保全

収　穫

サンチャゴ・デ・クーバ港
から船積み

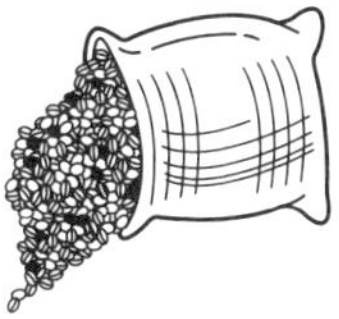

2カ月後、横浜港入荷

生豆クリーニング

焙 煎

●キューバコーヒーの特徴

酸味と甘味の調和のとれたマイルドな味わいの「クリスタルマウンテン」は、キューバでも１割ほどしか収穫できない最高級品。産地のシエンフェゴスの山の急斜面に植えられているコーヒーの木は、ほとんど農薬を使わずに栽培。収穫時に機械を使えないという立地条件から一粒一粒手摘みされ、生豆を作る精製方法も水と手揉みによるセミウオッシュ方式を採用。手間ヒマかけて作られたコーヒーです。

焙煎度は「ミディアムロースト」。特有のまろやかな味を引き出しています。また、生豆の状態で輸入し、そのつど焙煎しているため、鮮度が保たれておいしく飲めます。

粉　砕

計量・梱包・箱詰

お届け

型の有機農業を育てていくという意味をもっています。これは国内産品はもちろん、国際提携品でも追求しているポリシーです。具体的には栽培基準、取引基準を定めていまして、輸入商品についても品質基準に基づいて商品開発をしています。

キューバコーヒーの場合には、第三次の訪問団に私たちの生協と取引しているキャラバンコーヒーの方々に同行してもらいまして、いっしょに品質検査をし、製造過程の調査をし、商品規格の検討を行ないました。その結果、さっきもちょっと申しましたが、キューバコーヒーは、非常に品質がいいことがわかりました。

日本人に非常に好まれている世界でも最高級品といわれるコーヒーはジャマイカのブルーマウンテンですが、私たちが扱うことになったキューバのクリスタルマウンテンというコーヒーは、これととても似た品種で、日本では主にブルーマウンテンのブレンド用に使われているんですね。ジャマイカはキューバの隣にある国で気象条件もほとんど同じですし、クリスタルマウンテンはブルーマウンテンの栽培地と似ていて、六〇〇メートルから八〇〇メートルの山地で栽培されています。

それから、栽培基準ということでは、キューバは一九九〇年代の初めから国を挙げて有機農業に取り組んでいまして、実は大変な有機農業先進国なんですね。私たちが扱うコーヒーについても、農薬や化学薬品はほとんどまったく使っていません。粗放に近い有機栽培です。その点でも、私たちのポリシーに合致しているわけです。品質もよいうえに安全性も高いということで、組合員に供給する価値があるということがわかりました。

収穫してからの加工工場での製造過程も調査しましたが、非常にプリミティブ（原始的）といいますか、シンプルな工程になっていまして、この点も合格でした。プリミティブだとかシンプルだとかいうと技術が低いように聞こえますが、そういうことはなくて、もともとヨーロッパ向けに生産していることもあって、我々が求める技術水準はクリアーしている。ということで、これならいけるんじゃないかということになりました。

あと、問題なのは価格ですが、キューバ側が努力してくれたことと、直接、キューバから生豆を産直で仕入れて、輸入諸費用と焙煎コスト、包材と運賃を単純に加えただけの、いわばバーチャルマーチャンダイジングですから、中間マージンを徹底して省いたために、この品質で二〇〇グラム五八〇円とい

コーヒーはミュール（馬とロバのかけ合わせ）で運ばれる

う、とてつもない安い価格を実現しています。

私たちは、こうして日本のキューバとの通商が負わされている枷《かせ》を打ち破っていったわけですが、これには実はもう一つの要因がありまして、いまお話ししたようにキューバコーヒーは日本ではブルーマウンテンのブレンド用に使われていて、キューバコーヒーとして販売されてはいなかったようなんですね。それに対して、私たちは商品名もそのものズバリ「キューバコーヒー」とつけて、キューバを前面に出して供給しようとしていたわけで、これが「キューバ」ブランドを日本に広めたいというキューバ側の意向に合致したので喜ばれたわけです。日本では、キューバというと、消費者が思い浮かべるのは砂糖くらいですよね。だけど、もっともっと素晴らしい産品があるんだ、それを知ってほしい、とキューバ・サイドは強く望んでいたわけですね。それに我々は応えた。このことも大きかったと思いますね。

こうして、日本に「キューバコーヒー」ブランドが生協を通して誕生したわけなんです。

【コーヒー生産者の労働と生活】

大窪　首都圏コープの「キューバコーヒー」の産地はどこですか。
濱口　ハバナから東に二〇〇キロほど、シエンフェーゴス県にあるエスカンブライ山地山麓のクマナヤグアというところです。クリスタルマウンテンの主な産地で、一九六一年にアメリカ軍に支援された反革命軍が上陸したプラヤ・ヒロンの近くですよ。

大窪　そこを訪れて生産者と交流されたわけですね。労働や生活の様子はどうでしたか。

濱口　いっしょに行ったキャラバンコーヒーの社長の永田卓さんの話では、肥料をたくさん使って生産性を上げる密植栽培ではなくて、良質なコーヒー産地として有名なコロンビアの山岳部なんかにも見られるゆったりした植え方で、昔ながらの伝統的な栽培方法を採っているということでした。大農場ではなくて、比較的小規模な畑が散在している形でしたね。

収穫も、機械を使うのではなくて、手作業でひとつひとつ丁寧に摘み取られています。山で収穫された実は麻袋につめられて、ミュール（馬とロバをかけあわせた家畜）の背にのせてコーヒープラントまで運ばれます。コーヒー農家の仕事はここまでです。コーヒープラントでは、集められた実からまず果肉とパーチメントを取り除くのですが、これも機械に頼らず手作業で行なわれていました。そういうふうに、全体として手仕事の比重の高い、非常に労働集約的な生産で、収穫期にはかなりきつい労働になると思いましたね。

山本　コーヒー農場の真ん中に集荷場と加工場があって、農民は、それぞれ自分の畑で耕作して、できたコーヒーをミュールにのせて、そこに集まってくるという、かなり牧歌的な風景でした。村の中には農家が点在していて、その農家のまわりにはニワトリや豚が放し飼いになっているんですね。

栃原　近くではほかの作物も栽培し、畜産もやるという、経営形態としては家族的な複合経営に近い形ですよね。クマナヤグアのコーヒー農場全体が、そうした家族的複合経営の集積になっているという感じですね。

濱口　そうですね。農業省の部長も、コーヒーやタバコの生産は家族集約的な手作業が多いので、個人農家に土地を無償で貸与して生産してもらって、生産物を国が買い上げるという形を採っているんだ、と言っていました。ですから、コーヒーの場合、国の重要な輸出産業ではあるんですが、国営の大農場という形ではなくて、事実上の個人農家にまかせるという形ですね。所有形態としてはUBPC（Union Basica de Producción Cooperativa　協同生産基礎単位）の形を採っていました。この所有形態については、あとで採り上げられることになっているようですが、国有農場が分割されて、その土地の利用権が農民グループに無期限であたえられて、そこで協同で生産に当たっているという形ですね。

田中　私はキューバのコーヒー農業を見たことはないんですが、例えばスリランカの高地農業などを見ても、ある程度の高さ以上の生産地では、みんな複合経営です。スリランカなんて、そういう農家は、家のまわりで豚も飼えばニワトリも飼えばいろんな果樹も作るという、超複合経営ですよ。キューバでもそうなんだと思いますね。ただ、サトウキビなんかの場合は、タイやインドネシアなんかを見ても、単作ですよ。そこに時間をかければ、ほかの作物に転換することもできるんだけど、基本的には単作です。

濱口　キューバではサトウキビ畑の転作も進めているようですね。去年見たあるところでは、バナナ農園への転換を図っていましたね。

田中　それに対して、コーヒーの場合は、土地の特性から転換はむずかしくて、むしろ複合経営を拡大していくという形ですね。

大窪　私たちがANAPのマビス・アルバレスという女性の部長から聞いた話では、キューバのコーヒーは有機栽培で生産されているので、非常にエコロジカルな製品になっている反面、それだけ手作業の比重が増えて、コーヒー農民の労働の負担は大きくなっている、ということでした。しかも、コーヒーの産地はおおむね高い山の中腹で、寒暖の差が激しくて、よく霧が出るところにある。そういう場所がよいコーヒーができる場所なんですね。それから、キューバのコーヒーは、高い木の下にコーヒーの灌木《かんぼく》を植えて栽培する品種なので、おいしいコーヒーができるのだけど、農民は日陰で湿気の強い場所で毎日働かなければならない。そういう意味では、キューバのコーヒー産地は、よいコーヒーができる反面、そういう栽培条件、気象条件の下での労働は厳しいものになりますよね。

濱口　それはそうだと思いますね。確かに、クマナヤグアでも、背の高いシャドーツリーの下にコーヒーが植えられる形になっていました。直射日光は遮《さえぎ》られるけれど、湿気は強いから、労働環境としてはいいとは言えないでしょうね。そういう労働によって生産されたコーヒーなんだということを、利用する生協組合員、消費者が知ること、我々供給側が知らせることは、意味があることだと思います。

【産直と地域社会開発援助】

大窪　マビスは、自分自身がそういう山地の農家の出身だから、その労働のつらさがよくわかると言っていました。山地のコーヒー農民は革命前にはキューバの農民の中でも最も「見捨てられた人々」だったと言うんですね。革命後、その状態は大きく改善されたけれど、現在でもコーヒー産地は相対的に地域社会開発が遅れている地域だということです。「産地の貧しい農家の生活は本当につらい。私は、子供のころそういう生活を送ってきたからよくわかる。だから、産地の農民と結びついたコーヒーの連帯貿易を広げたいんです」とマビスは熱心に語っていました。

その意味では、首都圏コープのコーヒー産直は、すでにいまでもコーヒー産地の地域社会開発に間接的に役立つことになっているわけですけれど、さらにこれを発展させて、日本のキューバコーヒーの消費者が、生協を通じて産地の農民と直接交流して、彼らの地域社会開発に直接役に立つ活動もできるようになればいいな、と思いますね。

濱口　それは、まったくその通りで、私たちも、これまでの訪問団は主要にはビジネス・ミッションの性格をもたざるをえなかったわけですが、今後は、こちらの生協組合員、あちらの生産農民との、おたがいの生活レベルでの交流と連帯に発展させていきたいと思っているんで

郵便はがき

料金受取人払

本郷局承認

45

差出有効期間
2003年3月
31日まで
郵便切手は
いりません

113-8790

117

（受取人）
東京都文京区本郷
二-二七-五
ツイン壱岐坂1F

緑風出版 行

ご氏名

ご住所 〒

☎ （ ） E-Mail:

ご職業/学校

本書をどのような方法でお知りになりましたか。

1.新聞・雑誌広告（新聞雑誌名 ）
2.書評（掲載紙・誌名 ）
3.書店の店頭（書店名 ）
4.人の紹介 5.その他（ ）

ご購入書名

ご購入書店名 所在地

ご購読新聞・雑誌名

このカードを送ったことが 有・無

取次店番線
この欄は小社で記入します。

ご指定書店名

同書店所在地

購入申込書

小社刊行図書を迅速確実にご入手いただくために、このハガキをご利用下さい。
ご指定の書店あるいは直接お送りいたします。直接送本の場合、送料は一律三一〇円です。

書名

定価　円

ご注文冊数　冊

ご氏名

ご住所

☎

［書店様へ］お客様へご連絡下さいますようお願い申しあげます。

読者通信

今回のご
購入書名

ご購読ありがとうございました。

◎本書についてのご感想をお聞かせ下さい。

◎本書の誤植・造本・デザイン・定価等でお気付きの点をご指摘下さい。

◎小社刊行図書ですでにご購入されたものの書名をお書き下さい。

すよ。その中で、生産者のために消費者ができることも探っていくことができるんじゃないでしょうか。

大窪　私たちが第一回の訪問のときに貿易省で受けた説明では、キューバエキスポートを通じて輸入する方式のほかに、農業省を通じてコーヒーの生産組合と直接取引することもできるということでした。ただ、生産組合は外国との直接取引の経験がないし、キューバエキスポートのほうが経験もノウハウもあるスタッフがたくさんいるから、まずはそちらと取引したほうがいいとアドバイスされました。だけど、地元の生産組合と直接に結合することは十分に可能だということです。また、ANAPでも、どこどこの生産者組織とこれこれの取引をしたいということになれば、仲介してコーディネートする、と言っていました。

樋口　そうなんだよ。キューバ側も必ず政府機関を通せといっているわけではなくて、生産組合と直接交易してくれてもいいと言っているわけで、ただ、最初はキューバエキスポートを通じたほうがうまくいくということで、我々もそれを選択しているわけであって、将来的にはできれば生産者と直接交易したほうがいいのはまちがいない。それは可能ですよ。

大窪　それから、ANAPでは、砂糖や柑橘《かんきつ》類《るい》などを対象に、ヨーロッパのNGO（非政府組織）と連帯貿易を行なっているということで、その場合、価格は国際価格プラス連帯援助金という形になっていて、その連帯援助金が産地の地域社会開発に役立てられる、ということでした。つまり、消費者が支払った代金の一部は、直接に生産者農民の生活の改善に役立てられるわけで、もちろん、その連帯援助金が具体的にどのように使われて、どのような改善が実現されたかは、消費者に公開されます。

首都圏コープのキューバコーヒーの国際産直では、もちろん生協組合員の利益が前提になるわけですし、特に展開の初期には価格の問題が重要になることは当然なのですけれど、将来的には、そういう形も考えられていいのではないかと思います。濱口さんがおっしゃったように、国家・政府を介した交流ということで開けてくる別の意義があるわけですが、これまでの交流でつくってきたそうした関係を前提にしながら、従来のオルターナティブ・トレードのように生産者組織と直接取引して、そこにより多くの利益を還元して関係を強化するという方向も将来的には考えられるんじゃないでしょうか。そういうことを消費者が協同組合組織を通じてできるということが、先進国の消費協同組合の存在意義の一つなんじゃないかという気がします。

山本　それはそのとおりで、我々首都圏コープとしても、そういう方向を考えています。

樋口　それには日本のＯＤＡ（政府開発援助）の問題も絡んでいるわけで、我々はキューバに対するＯＤＡを実現するように日本政府に働きかけて努力してきたわけだが、それには現地のＮＧＯ組織からの申請が必要だというんだな。それがあれば、キューバに対してもＯＤＡは十分可能だという。いまいわれたような生産者組織との直接の結合を通じて、我々からも働きかけて現地に地域社会開発のためのＮＧＯが組織されれば、それを通じて日本のＯＤＡを引き出すことができる。

それとは別に、地元との直接の産直交流の中から、いま言われたような連帯援助金という形とは別な形で、生協組合員のボランタリーな援助や支援も考えられるだろうしな。そこから、キューバに生活協同組合を組織する芽も生み出していけるかもしれない。そういう方向は検討に値すると思うな。

【消費者の支持を受け、拡大するキューバとの産直】

大窪　キューバコーヒーに対する生協組合員の反応はどうですか。

山本　私たちが予測していた以上に受け入れられています。第一次には一八トン、第二次に三六トンのコーヒーを入れまして、供給は順調に拡大しています。このままでも、もう少し伸ばせるんじゃないかな。また、この実績をふまえて、首都圏コープだけではなくて、ほかの生協にも働きかけて、キューバコーヒーを普及していくことも可能なんじゃないかと思います。

濱口　日本の生協の組合員は全国で二〇〇〇万人いると紹介したもんだから、キューバ・サイドでは非常に期待が大きいわけですよ（笑い）。

樋口　さっきも出たように日本とキューバとの通商関係にはいろいろ障害があったし、それからコーヒーについては商社系が独占しているというんで、日本のコーヒー業者も及び腰だったんだよ。ところが、首都圏コープが協同組合ルートという突破口を開いた。これで状況が変わってきて、全国的に拡大していく可能性が十分出てきたと思うな。

大田　ただ現在キューバとの間のクレジットの決済は三六〇日かかるというんですね。通常、商社の決済というと三〇日程度ですから、商社としてはビジネスが非常にやりにくいことも確かなんですね。

濱口　それは日本とキューバの政府間の問題でね。日本の外交政策の問題があるんですね。けれど、これはあとで述べますけれど、私たち首都圏コープ事業連合も加わっている日本キューバ経済懇話会などを通じて、経済面での関係が変化してきていますから、外交政策も徐々に変えていくことができると思うんですね。

栃原　二〇〇〇年一一月には首都圏コープは「キューバフェア」を企画して、コーヒーだけでなくグレープフルーツとかハチミツとかラム酒とかを含めて供給しましたよね。このグレープフルーツやハチミツの取り組みはどうだったんですか。

山本　さきほども申しましたように、首都圏コープでは、日本で生産されている農産物は国産品を供給することを原則にしていますので、キューバ産グレープフルーツの扱いは理事会で非常にもめたんですよ。キューバは北半球にありますから、南半球の産地の裏作を端境期に入れるというのとは違いますからね。だいぶ激しい議論になったんです。問題は消費者である生協組合員の利益と日本の生産者を守ることとのバランスの問題ですね。

ただ、第三次訪問団でキューバのグレープフルーツの生産地を見て、栽培が非常にきちっとしていることに驚いたんです。ここも有機栽培で、有機堆肥を基本にして減農薬で栽培されています。味も非常にいい。収穫から箱詰めまでの製造ラインも、この産地がヨーロッパへの輸出品を主体にしていることもあって、管理はきわめて整っていました。しかし、ヨーロッパでは、むしろポストハーベストの防かび剤の撒布を求めているんですね。そこで、我々の輸入品については、防かび剤は使用しないで、ラインに残る防かび剤についても三度の徹底洗浄をしてもらって、その洗浄がすんだあとの月曜の朝一番のラインだけで出荷してもらうことになりました。ただし、船便の冷蔵コンテナで輸送しますので、冷蔵による焼けや痛みを防ぐワックスだけは必要となりますが、これについてもチョコレートなんかの光沢を出すのに使われている天然樹脂を原料にした天然ワックスを使用することで安全性の点で問題ないものにしました。有機・減農薬・ポストハーベストフリー、我々の要求する栽培基準をキューバ側はすべてクリアーしてくれまして、それだけ安全・良質で味がいいものなら、ということで理事会の了承が得られたわけです。初めての経験でもあり、テスト販売ということもあって、二コンテナを入れたんですが、注文がどっと来て、初め四玉で供給しようと企画していたのを、三玉に減らして供給することになったということがありました。

「カリブの恵み」という商品名で供給したハチミツについては、さらに画期的な商品で、これはカリブ海沿岸のマタンサス州シエナガ・デ・サパタというところの海沿いにある、まったく人間の手が入らない自然環境特別保護区の森林で採取されたものなんです。完璧に保護された特別区の中に養蜂場があるんです。もちろん、この中では農薬なんていっさい使われていません。自然に植生するマングローブの花から蜜蜂が集めたハチミツなんですよ。ですから、農薬の心配はまったくありませんし、一般の養蜂場で行なわれている蜜蜂への抗生物質の投与もまったくありません。私たちの商品部の担当が現地に行きましたが、蚊の大襲撃を受けましてね(笑い)、まったく手つかずの大自然ですよ、と言っていました。

しかも、完熟ハチミツなんですよ。普通、ハチミツというのは、早めに巣箱から集めて、保存性を高めるために人工的に乾燥させて、商品化するんですが、キューバでは、蜜蜂が巣の中で羽であおいで水分を飛ばして完熟させるまで待ってから採取しているんですね。

大窪 「カリブの恵み」というネーミングどおりという感じですね。

山本 こういう完熟ハチミツは、例えばハチミツの本場、中国でもあまり生産されていないもので、稀にあっても高価なんですね。この無農薬・無抗生物質の完熟ハチミツを、四五〇グラム一瓶五八〇円という、これまた破格の価格で供給することができました。これもキューバ側の非常に積極的な努力によるものでした。

大窪　私の家庭でも首都圏コープのパルシステムに加入しているので、このキューバ産ハチミツを利用しましたが、さっぱりした甘みで香りがいい、非常に良質なハチミツでした。完熟についての知識がありませんでしたが、たぶんそこが大きな違いなんでしょうね。

ラム酒

山本　ラム酒についても、日本ではラム酒を飲む習慣があまりなくて、ラムというと一般にお菓子用という感じなんですね。せいぜいカクテルのベースですよね。けれど、これも予想以上にたくさん注文がありました。

大窪　私も利用しましたが、七年ものの「カリビアンクラブ」で一八〇〇円ですから、驚きました。日本では洋酒をそろえている酒屋でも、七年ものはあまり置いていませんし、置いている場合でも、安いカテゴリー・キラーの店でも二三〇〇円くらいですからね。これも協同組合を通じた国際産直だからこそできたことでしょうね。

濱口　ラウル・カストロ（フィデル・カストロの弟で、国家評議会第一副議長）が、首都圏コープのキューバフェアのチラシを見て、軍の幹部に、「軍で造っているラムも日本の生協に扱ってもらえ」と言ったそうですよ（笑い）。キューバでは軍も生産事業をやっていますからね。こういうふうに、キューバの側でも注目してくれているということですね。

山本　我々にとっては、キューバの産品は、それぞれ一つの小さなアイテムにすぎないわけで、供給量も全体から見れば、たいしたものではありません。ほんの小さな取引という感じなんですが、キューバ側ではそうではないんですね。非常に重視して、いろいろ努力してくれるし、真面目に対応してくれる。他の社会主義国で体験した何かしらいばってみたり、それでいて約束を守らなかったりする国とは違いました。だから、私なんか、かえってとまどうんですね。キューバ駐在の日本商社の人たちだって、私たちが政府要人と会っているのを知ってびっくりしているわけです。私たちは、あんな人たちには簡単には会えないし、共産党本部なんて入れてもらったこともない、と言うんですね。

樋口　それはね、日本の政府や企業が冷淡な中で、損得じゃなくて手をさしのべてくれた協同組合に対して恩義をもって応えようとしているんだよ。経済封鎖や謀略工作でさんざ痛めつけられてきたということもあるしな。無私の連帯には、たとえ小さなことでも、恩義をもって応えようとするところがあるんだよ、革命キューバには。

山本　必ずしも無私じゃないんですけれどね（笑い）。

【有機農業大国キューバのイメージが大きくアピール】

栃原　首都圏コープでは、各地の生協まつりでも、キューバフェアのキャンペーンをやったんでしょう？　反応はどうでしたか。

山本　反応は非常によかったです。船便の遅れでグレープフルーツが間に合わなかったのが残念でしたけれどね。商品だけではなく、山梨県のコープやまなしや千葉県のエルコープでは、キューバダンスと音楽の夕べというような企画もやったんですが、これも成功でした。みんなサルサを踊りまくりましてね（笑い）。

栃原　若い人がたくさん集まったわけですか。

山本　いや、若い人たちだけではなくて、山梨なんか見ますと、若い人から年配の人まで、いろいろな人たちが集まっていました。キューバファンは、東京だけでなく地方都市にもけっこういるんですね。しかも、独身女性から定年後の男性まで、非常に幅広いのに驚きましたね。

濱口　キューバ・ブームは静かに浸透しているんですよ。

山本　そういうことで、組合員の反応は非常によくて、上々の供給実績を上げることができましたが、組合員にアピールしたのは、やっぱり「有機農業大国キューバ」ということが大きかったですね。我々は、この点を前面に出して、キューバは国を挙げて環境保全型農業に取り組んでいます、私たち生協はそこから生まれた商品を供給します、ということを訴えたんですが、それが受け入れられたということですね。今後、さらに有機農産物の国際提携を拡大していくことも考えられています。プロポリスなんかも検討に上がっていますが、これも有力な商品ではあるんですが、日本とは商品概念や評価基準が違うもんですから、専門家を派遣して日本向けの商品を生産することを考えています。

大窪　「有機農業大国」「環境保全型農業」という点がアピールするというところが、事業を通しての交流、消費者と生産者がおたがいの利益のために結びつく提携という、生活協同組合ならではの国際連帯の特徴を表しているんでしょうね。

これまでのお話でも、キューバの有機農業のことが何回か出てきましたが、それでは、キューバの農業がどのようにして有機農業、環境保全型農業に転換していったのか、そしてその現状はどうなっているのか、という点に話を移していきたいと思います。

有機農業大国キューバ

【革命の緑化】

大窪　キューバが国を挙げて有機農業、環境保全型農業に取り組んでいることは、日本ではほとんど知られていません。かく言う私も、一九九八年にキューバに行くまではまったく知りませんでした。行ってみて、ANAPや農業省でそういう話を聞いてびっくりしました。だけど、農業の現場は見なかったこともあって、実情はよくわからなかったんですね。

ところが、ちょうど滞在中に、フェリア・インテルナシオナール・デル・リブロという書籍の国際見本市がハバナで開かれていまして、誘われて四人で行ってみたんですね。そうしたら、いっしょに行った元生活クラブ生協職員の中尾ひろえさんが、「おもしろい本を見つけたわ」といって英語の薄い本を見せてくれたんです。それはThe Greening of the Revolution（『革命の緑化』）

という本で、アメリカ合衆国の科学調査団の調査報告のようでした。帰りの飛行機の中でそれを読んでいた中尾さんが、「キューバの農業はすごいわよ。ものすごい先進的な有機農業よ!」と言っていましたが、私は正直なところ半信半疑で、このときのキューバでの体験をもとに『風はキューバから吹いてくる』という本を書いたときにも、キューバの有機農業についてはほとんどふれなくて、あとで中尾さんから叱られました。

その後、中尾さんが日本で有機農業を進めている農業者や環境保護運動の活動家などいろいろな人に、この本を紹介して、やがて首都圏コープの協力で一部が部内資料として翻訳・紹介されました。これを読んであらためて驚きました。その内容については、今日ご出席のみなさんはすでに十分ご存知であるわけですが、司会の私のほうから簡単にご紹介しておきたいと思います。

これはピーター・ロゼットというスタンフォード大学の昆虫学者を団長とするアメリカ合衆国の農学、土壌学、昆虫学、地理学、園芸学などの科学者を中心に、ジャーナリスト、エコロジスト、ビジネスマンなどを含む科学派遣団が、キューバにおける「低投入型・持続型農業」の実態を確認するために行なった調査の報告書で、「有機農業におけるキューバの実験」という副題がついています。調査が行なわれたのは一九九二年のことです。ソ連崩壊の一年後ですね。この報告書を見ますと、そ

れ以前から、すでにキューバ農業の重大な転換が国を挙げて行なわれていたことがわかります。

　ここでは、キューバ農業における「クラシカル・モデル」（古典的モデル）と「オルターナティブ・モデル」（代替モデル）が対比されています。キューバにおけるクラシカル・モデルの農業というのは、輸出を目的とする広大なモノカルチャー（単一作物栽培）のことで、広く知られているようにキューバ農業はずっとサトウキビのモノカルチャーであったわけです。キューバはサトウキビから生産した砂糖を主な農業生産物として、革命前はアメリカを、また革命後にアメリカの経済封鎖を受けてからはソ連圏社会主義諸国を主な市場として輸出して、国民に必要な食糧はその砂糖の輸出でえた代金による輸入に頼るという経済構造を採ってきたんですね。そのほうがコスト的に安かったわけです。そして、このクラシカル・モデルの農業は、高度な機械化と化学肥料・農薬のような投入資材に大量に依存するもので、それらもやはり輸入に頼っていました。つまり、その両面で対外依存が大きい農業であったわけです。また、それは機械化を通じて都市への人口集中を引き起こし、農地の侵食や圧密、塩害、生態系の破壊などによって持続的生産の基盤を壊していっていたわけです。

　報告書は、こうした、かつてのキューバの農業は、カリフォルニアの中央バレーの大規模・資本集約型の農業にきわめて似通ったものだった、と言っています。

　ところが、ソ連圏社会主義の崩壊で、キューバは、砂糖輸出、機械・燃料・農業資材輸入の両面で大きな打撃をこうむりました。ここでキューバは、従来のクラシカル・モデルからオルターナティブ・モデルへと農業構造の急速な転換をただちに図るわけです。このオルターナティブ・モデルの農業への転換とは、機械や投入資材に頼る代わりに、牛などの動物による耕起、穀物・牧草の輪作、有機的な土地修復、バイオロジカルな手段による病害虫のコントロール、有機肥料やバイオ農薬の使用などを通じて、低投入型で持続型の有機農業をつくりだそうとするものでした。

これは、一面では、クラシカル・モデル以上に古典的な、つまりキューバにとって伝統的な農業技術にもどろうとするものであり、他面では、これに最新のバイオテクノロジーを結合するものでした。バイオテクノロジーといっても、遺伝子組み換え作物をつくるといったようなものではありません。キューバでは遺伝子組み換え作物は作っていません。そうではなくて、発酵学、細菌学、昆虫学などを駆使したバイオ肥料、有機的な土壌管理、生物農薬の開発といったエコロジカルな技術です。つまり、伝統技術と最新技術、昔から小農民が使ってきた知恵と最新の科学者の知識とを結びつけたわけです。

キューバの農業政策立案者、農業指導者が、総力を挙げて、きわめて精力的に、こうした転換を推し進めて、通常、転換以前の生産性に到達するのにどんなに早くても三年から五年かかるとされているのを、それよりはるかに短期間にやりとげたことを、調査団は驚きをもって受けとめていまして、これは「これまで世界で知られていなかったほどの本質的で壮大な転換」であり、「農業生産の持続性の低下に苦しんでいる他の国々への重大な示唆になる」と述べています。

もちろん、報告書には、この転換の中身、オルターナティブ・モデルの具体的な態様についても、調査した実態が述べられているんですが、そのへんはむしろ農業経済学者の田中先生に解説していただいたほうがいいと思います。

【革命後のキューバの農業構造】

田中　発展途上国では一般に、農林業といった一次産業が中心で、工業・製造業といった第二次産業は副次的で、商業・流通業などの第三次産業も第一次産業にくっついたものであるのが普通であるわけですね。だから、就業人口は農村にかたよっていて、その多くが第一次産業に関係している。

ところが、キューバに行ってみますと、八割の人口が都市に集中しているわけです。しかも、残りの二割だって、みんな農林業に就業しているわけではない。就業人口の構成から見ると、むしろ先進国型なんですね。ところが、産業構造から見ると、いまもいわれたように、中心は砂糖産業で、これが圧倒的である。農業省とは別に砂糖省があるくらいで、砂糖産業は別格の産業なんですね。これは典型的な発展途上国型モノカルチャーの産業構造です。この先進国型人口構造と発展途上国型産業構造の併存、ここに非常なアンバランスがあるんですね。

こういうアンバランスを一面では生み出してきた、また他面ではそこから生み出されてきたのが、さっき言われたクラシカル・モデルの農業構造であったわけですね。革命後の農業政策は、砂糖生産を生産単位の面では大規模化し、労働の面では集団化し、技術の面では機械化し、多資材投入型にしていく形で進められてきたわけです。ソ連型の機械化・集団大規模農業に倣《なら》ってきたわけですね。革命前のアメリカ資本によるサトウキビ・プランテーションは接収されたんだけど、そのプランテーションの国家による接収によって、農地の約八〇パーセントは国営になって、そこでは、ソ連のコルホーズ、ソフホーズのような集団農場で、大規模な単位の土地を大型機械で耕作する機械化農業が展開されていったんですね。

途中で、ある時期には、砂糖依存を脱して自立型の経済をつくる道をめざしたりしたんですが、結局、

キューバの田園風景

砂糖依存から抜け出ることはできなかった。モノカルチャー型の産業構造ですと、国際市場の価格変動の影響をもろに受けて不安定になるんですが、そこはソ連が政治的な思惑から支えて安定した価格で買い入れてくれていたものだから、砂糖に依存していたほうが経済的にはメリットが大きいし安定するんで、ますます依存が深まるということになっていったのだと思います。一方、ソ連のほうは砂糖の見返りでソ連製の農業機械や化学肥料・農薬なんかを売りつけてくるから、ますますそれに頼ることになって、クラシカル・モデルの農業生産は固定化されて、機械化・多資材投入型の構造が再生産されていったわけです。とてものことではないが、モノカルチャーからは抜け出せない。

そうすると、国民に必要な食糧にしても、国内で生産するよりも、砂糖をもっとたくさんつくって、その輸出代金で買ったほうがずっと安上がりだから、そういう農産物を生産する農業は顧みられなくなって、食糧自給率は低下していくわけですね。ソ連崩壊直前の食糧輸入率を見ますと、穀類は一〇〇パーセント、豆類で九〇パーセント、主食の米でも四三パーセントは輸入に頼っている状態でしたからね。自給率はびっくりするほど低かったわけですよ。そういうものでも、作れば作れるものもあったんだけど、作ってもコストが合わないから輸入していたんですね。

濱口　その点では日本も同じですよね。モノカルチャーではないけれど、工業製品を輸出して、その代金で食糧を輸入する方式を国際分業と称して推進してきて、食糧自給率をどんどん低下させてきてしまった。その一方で、機械化、化学肥料・農薬の多使用で農地を荒廃させてきてしまった。その意味では、原因は違うけれど、ソ連崩壊前のキューバと同じ問題を現在の日本農業はかかえているともいえますね。

【転換はむしろ積極的なものだった】

田中　そういう、経営形態としては大規模・集団化、技術形態としては機械化・多資材投入型の農業構造を、キューバは、ソ連崩壊を契機に大転換していくわけですが、そこにはもちろん、砂糖の安定した輸出先であった社会主義諸国を失ったこと、また機械の燃料である石油、農業資材の化学肥料・農薬も輸入できなくなったことなどによって、強いられて転換せざるをえなかったという面はあります。

栃原　キューバは、輸出の約八〇パーセント、輸入の約七五パーセントをソ連と東ヨーロッパに依存していたんですからね。それが途絶して、機械の燃料も化学肥料も農薬も飼料穀物もまったく不足したわけですよね。

田中　そういう意味では、強いられた転換ではあったけれど、それだけではない。機械化大規模農業から有機農業へ大きく転換するには、強いられる以前にしっかりしたビジョンがあったはずだし、技術的な研究・実践の蓄積があったはずです。そうじゃなければ、あんなに急速に、あんなにうまく転換ができるはずがありません。

樋口　それはその通りだと思うな。一つには、国の指導者の迅速で確固とした政策立案があった。それも場当たり的なもの、緊急避難的なもの、対症療法的なものではなくて、根本的なところに遡って政策を転換しているんだな。ソ連が崩壊したのが一九九一年だろ。この年の五月にカストロが農業・林業技術者の会議でこんな発言をしているんですよ。

いまの最優先課題は何か。国民を飢えさせてはならない。それが最大の問題だ。だから、食糧問題が最優先課題になった。保存食糧も肥料も飼料も燃料もない状態で、我々は食糧の増産をなんとしてもなしとげなければならない。それにはやりかたを変えなければならない、と言うんだな。例えば、牛を使うんだ、と言っている。我々は一〇万頭の牛を新たに飼育している。我々は野菜のタンパク質だけに頼ることになっても、この牛を食べてはならない（笑い）、こいつをトラクターの代わりに耕作に使うんだ、というわけだよ。そして、この困難な時期が終わっても、牛を使った耕作方法をやめることはないだろう、と言っている。

それから、特に大事だと思ったのは、カストロが「我々は農業を最も賞賛され、最も促進され、最も好まれる職業の一つに転換しなければならない」と言っていることですよ。そういう根本的なところから建て直すことを考えているし、訴えているわけだよ。

だから、いま田中さんが言ったように、単にしょうがないから、一時的になんとかしようというもんじゃない。このきわめて困難な事態を逆手にとって、積極的に大きく位置づけて、国のありかた自体を転換しようとしている。

大窪　『革命の緑化』の報告者も、キューバがこのとき受けたような甚大で深刻な外的ショックに見舞われながら、大規模な飢餓を出さなかった国は、世界中できわめて稀だ、といって驚いていますが、それはまさしく国を挙げての農業生産革命をやりとげようという確固たる意志、国家政策が指導者にあったればこそだったんでしょうね。

樋口　かつてのソ連や東欧の指導者、それからソ連が崩壊したんだからキューバも自動的に崩壊するだろうとたかをくくって高みの見物をしていたどっかの国の指導者なんかとは、指導者の質が違うよ。

栃原　私たちといっしょにキューバに行って、農業の現場を見てきた農業技術者の方は、キューバの農業指導者たちが明治維新の志士たちのような情熱をもって国づくりを語っていた、と言って感嘆していましたね。そして、有機農業の原点はしっかり根づいているように見えた、と言っています。

樋口　キューバ人は、日本が明治維新でアジアで唯一西欧列強の植民地にならないで自立できたこと、それからアメリカによって原爆投下や空襲を受けて国土が荒廃しながら敗戦後に勤勉な労働で復興をなしとげたことで、日本人を高く評価しているんだな。だけど、いまは、明治維新の志士のような人間がいるのは日本じゃなくて、キューバのほうなんだよ。

栃原　それから、きわめて厳しい状況なのに飢餓を出さなかったという点では、基礎的食糧の配給を平等に行なったという点が大きかったと思いますね。パン、米、ジャガイモ、牛肉、馬肉、鶏肉、魚肉、卵、砂糖、牛乳は全部配給制です。これらの基礎食糧品の多くは全量政府買い上げで、自由市場で販売することはできないわけです。そして、「食糧バスケット」方式といって、病院、学校、低所得層などへの配給が優先されるしくみになっていました。乳幼児に対する牛乳の配給の量確保なんかは非常に重視されて行なわれました。だから、もともと低かった乳幼児死亡率は、低いままに保たれたわけです。このへんの弱者に厚く平等な配給制度の徹底が、北朝鮮なんかと違って餓死者を出さないことにつながったんだと思います。

【先進的なキューバの有機農業技術】

田中　そういう国家政策、農業政策だけではなく

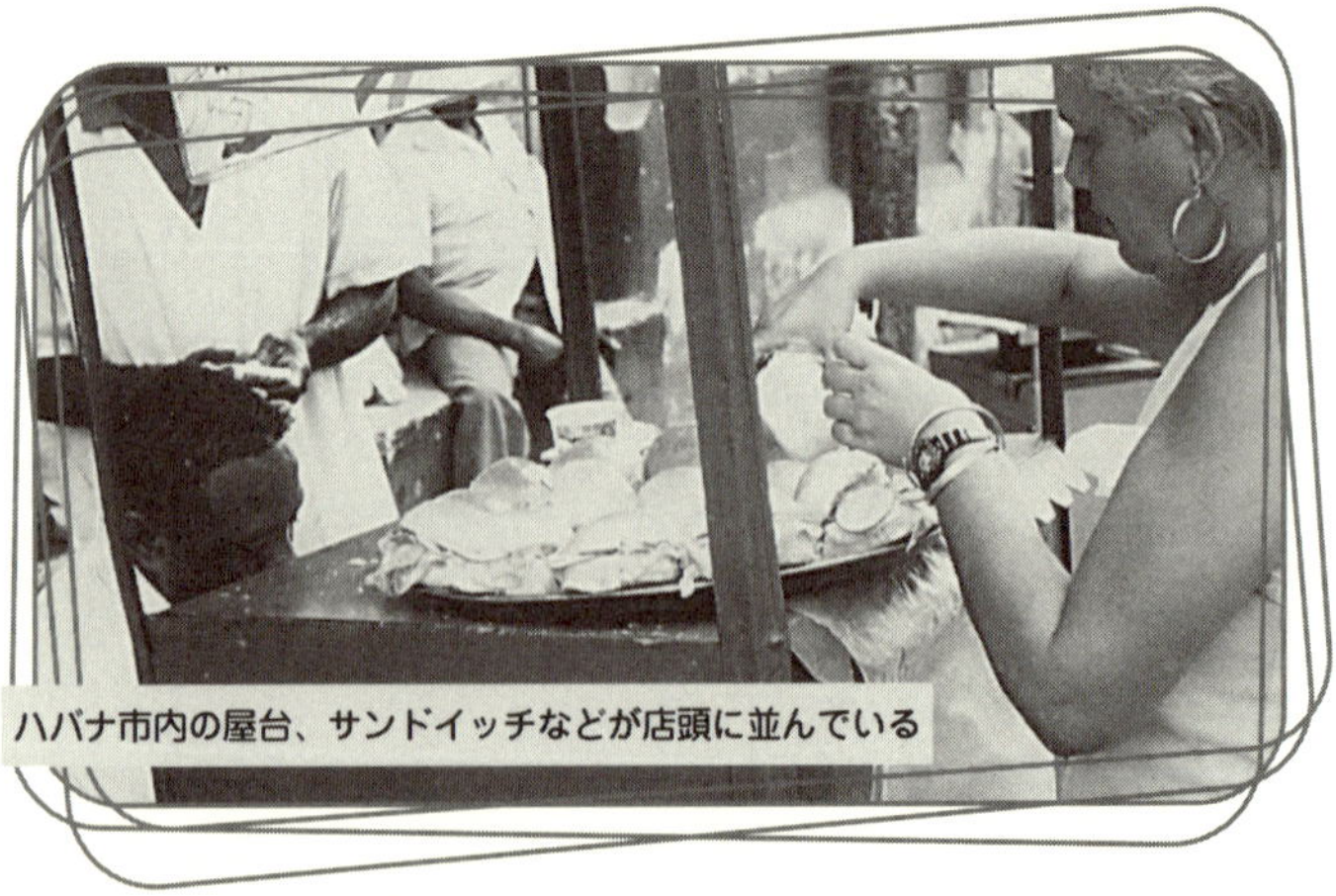

ハバナ市内の屋台、サンドイッチなどが店頭に並んでいる

て、農業技術の面でも、研究の蓄積と実践的な体系化がすでに相当進んでいたと思うんですね。例えば化学肥料に代わるバイオ肥料の利用、化学農薬に代わるいわゆる生物農薬の利用にしても、そういう蓄積と体系化がなければ簡単には進まなかったはずです。むしろ、大規模機械化農業が進められているときに、そういう有機農業技術の研究や実用化を追求してきた研究者や農業者たちが、この危急のときに、「いざ鎌倉」とばかり前面に出てきて、転換を技術的にリードしたという形だと思います。大学や研究所の研究者、それから日本でいえば農業改良普及所の職員のような農業技術者・指導員が大きな役割を発揮しています。ですから、キューバには、食糧危機が現れるずっと前から、有機農業技術の研究が積極的に進められていて、非常に優れた農業技術の蓄積があったと考えるべきでしょうね。

樋口　カストロは、一九九二年のブラジル環境サミットでの有名な演説で、そのへんのことを言ってますね。

例えば「窒素固定菌・根粒菌・菌根のようなバイオ肥料の利用、立ち枯れや病害に対する生物学的制御技術の開発」、こういうものを緊急事態の中で急いで全国から集められた人たちから成る「食虫性生物・昆虫病原体再生産センター」で短期間のうちに実用化したと言っている。こういう技術には日本の研究者や農業者も取り組んでいるんだそうだが、それがこういう形で政府機関によってネットワーク化されて日本の農業に適用されるというふうにはまったくなっていないわけだよ。

それから、「牧草地のローテーションおよび家畜による自然肥沃化」を結合した放牧システム、あるいはサトウキビの生産や砂糖の製造過程で出てくる副産物から家畜用飼料を開発する技術とか、そういうものも、同様の研究者と農業者のネットワークから実用化したとカストロは言っている。

田中　いま言われた前のほうのやつは、遺伝子組み換えなんかじゃないバイオテクノロジー、つまり最新の科学者の知識に属するもので、後のほうのやつは、伝統的な複合経営の農業技術、つまり昔の農民の知恵に属するものですよ。大事なのは、そのいずれの場合にも、こっちは科学者の知識の適用、こっちは農民の知恵の復活という形にするんじゃなくて、どっちも科学者と農民が協同で開発しているということでしょうね。

大窪　『革命の緑化』でも、農業省のイニシアティブのもとで、科学者、農業者、農業普及員たちがワークショップを組織して、農業技術の転換のために、さまざまなアイディアや解決策を論じ合っている様を述べていますね。ただ、ここで報告者は、このような努力は多くの開発途上国でNGOが行なっていることであって、必ずしもキューバが先進的というわけではないと言っています。しかし、そうした開発途上国では、政府がこのようなNGOの努力と成果に冷淡である。それに比べると、キューバにおいて、政府機関である農業省がイニシアティブをとって広範な研究者、農業者の参加を促し、実用化を促進している点が印象的である、と言っているんですね。つまり、ほかの開発途上国だって、やろうとすればキューバのようなことができるんだ、場合によってはそれ以上のことができる、ただし政府がその気になれば、ということですね。

田中　農業技術というのは、理論的にできたり、個別にできたりするだけではなく、社会的に体系的に展開できることが重要なんですね。その意味では、特に発展途上国などでは、国家や自治体が理論的な技術開発、個別的な技術開発を社会的・体系的に展開するサポートをすることによって、農業技術は本当に実用化されるともいえます。キューバ政府はそれをやっているということですね。それは大変に大きな意義をもっていると思います。

大窪　そのために、研究者は農村に泊まり込んで、研究成果が実地に適用されて生産が上がるようになるまで農民といっしょに技術改良に取り組んでいるそうで、そういう姿勢は日本の研究者などにはあまり見られないことのように思いますね。

田中　どうも、すいません（笑い）。だけど、そのとおりですね。

樋口　それから、キューバは、革命以来、医療を非常に重視してきたから、医学が発達してきたんだな。医学の水準は非常に高い。ということは、これに関連して、生物学や生物学応用技術も相当に高い水準にあったと考えられる。そういう基盤があったから、実用化が急速に進んだんだろうな。

田中　いずれにしても、キューバでは低投入（low input）型・持続（sustainable）型の農業が、いまや社会的に体系化されていることは事実で、現在のキューバは文字どおり「有機農業大国」

「環境保全型農業先進国」と呼べると思います。

大窪　その方向は、状況に強いられて生まれてきたものでは必ずしもなくて、むしろ積極的に選択されたものだということですね。

田中　そうだと思います。そして、今後の問題としては、そうした多様な有機農業の展開によって、どう砂糖のモノカルチャーという産業構造から脱却していけるか、ということだと思いますね。キューバは現在その方向を追求していると思いますが、この課題はどの発展途上国でもわかっていながら果たせない、非常にむずかしい課題なので、そう簡単にはいきません。けれど、これだけの農業構造の転換をやりとげたキューバのことですから、今後が非常に注目されるところだと思います。

【生産者と消費者の直結が有機農業を育てる】

田中　ただ、この問題は国内問題だけではなく、国際市場の問題、国際的な経済関係の問題が直接に関係してきますから、単に国内改革だけではできません。それに、小さな国があらゆる食糧を生産して自給していくというのは不可能ですから、モノカルチャーから脱して自給率を高めていく過程でも、国外とどう公正に貿易していくかという問題が重要になります。その意味では、協同組合が推進しているようなフェアトレード、信頼に基づいた公正な交易というのは一般に発展途上国にとって大事な役割を発揮することになると思います。

それから、日本でも最近、生協や有機農業の生産者の中から「地産地消」、つまりその地域で生産された農産物は、その地域で消費するという理念が唱えられていますが、キューバを見ると、それに近いことが行なわれているように思いますね。ハバナとその近郊の生産者が作った有機農産物はハバナの消費者が食べるという形になっていました。日本では、スーパーマーケットなどでも有機農産物がずいぶん売られるようになりましたが、市場レベルでは「有機ビジネス」「有機による高付加価値化」という形で、途中にビジネス、付加価値を介在させることで、生産者と消費者を切り離す方向に方向にいっています。これでは有機農業がほんとうには根づかないんです。

もちろん、その地域では生産できない農産物の場合は「地産地消」とはいきませんが、その場合でも、その農産物の「素性」といいますか、生産者の顔が消費者に見え、消費者の顔も生産者に見え、相互信頼の上で流通していくという形が必要だと思います。これは、首都圏コープはじめ日本の多くの生協が追求していることですが、そういう形での生産者と消費者の結合こそが有機農業を育てることになると思うんですね。

コーヒーなんかの場合は、それが国内のレベルではなくて国際的なレベルになるわけですが、この場合でも、消費者が生産者と交流して、これまでお話に出てきたようなキューバの農業事情を知り、コーヒー生産者の労働と生活を知り、キューバ側にも日本の消費者の要求や実情を知らせ、おたがいに信頼と納得の上で流通が行なわれていくというのが、望ましい形だと思います。

濱口　それはまったくおっしゃるとおりで、そこに私たちの国際産直、オルターナティブ・トレードの意義があるのだと思います。それから、キューバ国内での「地産地消」という点では、特に野菜の生産などでは、都市や近郊に新たに都市農業が興されていて、そこで作られた野菜はその都市圏で消費される形になっています。このへんは日本でも参考になることだと思います。

大窪　さっき牛を食べないで耕作に使って、植物からタンパク質をとろうというカストロの発言が紹介されましたが、実際に、昔はよく作られていたキャサバ、サツマイモ、カリブサトイモといった根菜類があらためて作付けされて、これらを動物性タンパク質の代替にしようという方向に進んだんだそうですね。これは伝統的な食生活にもどしていこうという食生活の変革が、政府の主導によって国民的な規模で行なわれたことを意味しているわけで、これも広い意味での「地産地消」の推進の面で注目すべきことだと思います。実際、キューバ人から、最近はずいぶんと野菜を食べるようになったという話を聞きました。

生産を変えるには消費を変えることが必要であるといわれますね。それは消費者の組織である生協、消費組合の役割でもあるわけですね。これをキューバの場合には、消費組合ではなくて、政府機関が主導してやってきたということだと思います。

【小規模・協同組合的農業経営への転換】

大窪　技術形態とは別に、経営形態の転換、大規模・集団化経営からの転換という点ではどうだったんでしょうか。

田中　まずは技術形態、機械化・多資材投入型から低投入型・持続型の有機農業への転換が先行しなければならなかったのは当然のことでしょうが、こうした技術形態の転換は経営形態の転換をともなわざるをえないわけで、実際、すぐあとを追うような形で、一九九三年から大きな農地改革が始まります。

革命前のキューバでは、農地の一〇〇パーセントが私有で、そのほとんどを所有しているのは大地主であったわけで、農民の八〇パーセントが小作農で、地主の土地を耕させてもらって小作料を払っていまして、これらの小作農は大変に貧しい生活を送っていたわけです。ですから、キューバ革命は、本質的に農民反乱を主要な原動力にしたものであったし、その内容は農地改革を主要なものとするものであったわけです。

革命後には、ただちに大規模な農地改革が行なわれて、この時点では農地のうち国有が約八〇パーセントになって、ここでは大規模・機械化経営の国営農場、残りの二〇パーセントが農民の個人所有で、ここでは主に小規模な伝統的な経営が行なわれていく形になっていったわけです。国営農場では、各地の農場が統合されて大規模化し、作物も地域的に指定される形になっていきました。

ところが、ソ連の崩壊で機械化・大規模農業が維持できなくなったことは、国営農場の改革を促さざるをえなかったわけで、そこで革命後最大の農地改革が、今度は大規模農地を分割する方向で行なわれていくわけです。この農地改革の内容としては、国有農地を分割して、その分割された土地の所有権は国家がにぎってはいるものの、土地の利用権を農民グループに無期限であたえる、つまり土地を半永久的に貸与して、作物の生産をしてもらうというものです。この貸与を受ける農民グループは、一種の協同組合的な組織に結合することになります。UBPC（Union Basica de Producción Cooperativa　協同生産基礎単位）という組織がそれです。このUBPCは、使用料を払って農機具、農業資材などを国から借りて、国から農業技術指導を受けますが、生産は自主的に行ないますから、一種の自主管理企業の形態です。こういう形態が、このときの農地改革によって初めて導入されました。

これとは別にCPA（Cooperativa de Producción Agricola　農業生産協同組合）とCCS（Cooperativa de Credito y Servicio　信用サービス協同組合）という協同組合が組織されていました。これらの組合の実態については、私はよく知りませんが、一般的に言って協同組合の範疇《はんちゅう》に入る生産組合・信用組合の形態ですね。それから、以上とは別に、私的な個人経営の農家もあります。これらのCPA、CCS、個人農家の形態は、UBPCが創設された九三年の改革以前からあったものですが、改革後あらためて重視されて、拡大しているようです。

これらの経営形態の比率は、九五年くらいの数字だと思いますが、面積で見て、国営農場が三二・八パーセント、UBPCが四二・三パーセント、CCSが一一・五パーセント、CPAが一〇パーセント、個人農家が三・四パーセントというふうになっています。かつて国営が八〇パーセントだったのが、非国営が六七・二パーセントと大きく逆転しているわけですね。その後も非国営の比率が高まっているようで、二〇〇〇年の第三次訪問団の報告を見ますと、農業省では七四パーセントになっていると言っていますね。早晩、八〇パーセントくらいにはなるだろうという見込みのようです。

大窪　そのような変化によって、当然、一つひとつの経営単位が小規模化することになっているんでしょうね。

田中　そうです。野菜の生産などは、みんな有機農業になって小規模・小集団の経営になっているということですし、さっきもちょっとふれられた、庭先農業のような小規模な都市農業も多くの都市で行なわれています。サトウキビなどの大農場も、全部ではありませんが、分割されて、単位は小規模化しています。

大窪　私たちが訪問したハバナ郊外のヒルベルト・レオン生産組合は、UBPCの形態を採って国有農場を分割・貸与されたもので、野菜・イモ類を生産している模範的な生産組合だといわれていましたが、組合の構成は一〇九世帯という規模でしたね。

特に有機農業のような技術形態を採った非機械化・小規模な農業では、国営の集団化による大規模な経営形態よりも、なんらかの形態を採った個人・小集団による小規模な経営形態のほうが適合的なんでしょうね。

田中　そうですね。大規模国営農場では、農民は請負作業員のようなものになってしまいがちですからね。特に有機農業では、自然や作物と対話しながら、きめの細かい作物管理をしていく必要がありますから、生産効率の面でも、小規模な個人・小集団経営のほうがいいんです。農業省でも、まだまだ規模が大きすぎる、もっと小規模化したほうが生産が上がるという見解のようですね。

栃原　一般に、所有形態の点では、のっぺらぼうな「国家的所有」「全人民的所有」のほうがかえってグローバリズムに巻き込まれると思うんですね。国内の労働や生産が、すべて統合されて、そのまま国際的な経済競争、軍事競争に直結してしまうわけですからね。キューバでも、ＣＰＡの八五パーセントが十分な剰余金を出すだけの生産を上げているそうじゃないですか。個体的所有を前提にした協同所有という方式のほうが市場原理至上主義に有効に対抗できるし、そうした方式の小規模経営のほうが大きな市場に巻き込まれずに小さな市場をうまく使っていくことができるように思うんですね。これが地域的な協同組合社会の形成につながっていけば、より有効だと思います。私なんかが、キューバにも協同組合を、と考えるのは、そういう観点からなんですね。

大窪　ANAPという中小農民の組織は、今回の転換でできたわけではなく、昔からあって、相当の活動をしてきたわけですよね。ということは、キューバでは、小農経営の伝統が革命後も活かされていて、そういう基盤があったからこそ、今回の農業経営形態の全体的転換もスムーズにできたんじゃないか、という気もするんですが、どうなんでしょうか。

田中　ANAPというのは、革命のときに集団化できなくて残った小農民の組織だったんですね。だから、いずれ集団化するという考え方もあったんだけど、むしろそうしないほうがいいことがわかってきたから、ずっと残されてきたわけですよね。作っている作物の違いによって、小農経営のほうがいいところは残ってきたのだと思います。豆とか野菜とかを作りながら、牧畜も複合的にやっているようなところですね。

濱口　そうではないところ、例えばサトウキビとかタバコとかの生産は、国営で集団化して計画経済でやってきたんだけど、これらについては、ソ連崩壊後の状況の変化の中で、国家で支えることができなくなって、分割して小集団化しているということだと思いますよ。だから、これらについては、やむをえずという側面も大きいんではないんですか。

小集団・複合経営でうまくいっているところは、豆類や野菜なんかを生産しているところであって、国営農場を分割したところで、経営形態の変化だけによってうまくいくようになったというようなところは少ないんだと思いますよ。全体としては長期ビジョンがあってのことなんでしょうけれど、モノカルチャーの作物も小農化すればうまくいく、ということではないでしょう。

田中　サトウキビなどの輸出向けの作物以外は、かつてはむしろ輸入に頼っていたわけで、それができなくなった時点で、国内での生産を急速に興そうとしたわけですね。だから、国家の農業政策の面でもそういう作物の生産が優先されたわけだし、需給バランスの点から見ても、そういう作物を生産する経営のほうが当面うまくいくのは、当然のことですよね。かつての国営農場のサトウキビはそうはいきませんよね。だから、長い目で見れば、モノカルチャーの克服という問題は、キューバ農業の本質的な問題として、いまだに重く残っているわけで、このままいけばやがて克服されていくというような問題ではないことは確かなんですね。

【日本の農業者が見たキューバの有機農業】

濱口　第一次の生協・協同組合交流団、それからこの交流団が持ち帰った、さっき紹介された『革命の緑化』なんかがきっかけになって、我々の第二次訪問団とほぼ同時期に日本の農業者の視察団がキューバを訪れています。金子美登さん、吉田太郎さんといった農業大学校の同窓生のみなさんの視察団です。これらの農業者は、日本で有機農業を推進している人たちで、私たちの生協とも提携関係があります。それから、我々の数次の訪問団にも、生協と関係のある農業技術者や農業者が参加しています。そして、これらの農業者たちも、生産者の立場から

農業者大学校同窓会の視察団（熱帯農学研究所にて）

キューバの農業を見て、非常に注目しているんですよ。

栃原　農業大学校同窓会の視察団が見てきたキューバ農業の実態については、日本でも『日本農業新聞』が一九九九年三月一日付で採り上げて、「キューバは有機大国」「伝統技とバイテク両輪」と大きく報道していましたね。

樋口　『日本経済新聞』二〇〇〇年五月一三日夕刊も、「有機先進国キューバに学ぶ」と大きく採り上げていたな。

大窪　そういう専門の農業チームの目にはキューバ農業はどう映ったのか、少し紹介していただけませんか。

山本　『二一世紀のモデル　キューバの有機農業』（共学社出版企画）という金子さんたちの報告書が出されています。この報告書を読んだり、参加した農業者のお話を聞いたりしますと、キューバでは非常に広範な有機農業技術が展開されていることがわかります。

キューバを訪問した農業チームは、有機肥料のシステムという点では、ミミズ堆肥の開発、それからバクテリアによる肥料、いわゆるバイオ肥料の開発に注目していますね。土壌中の生物、微生物の力で養分を確保しようという試みですね。それが土壌研究所を中心に積極的に進められています。

例えばバナナの木の下で大量のミミズを飼っていて、バナナ自体はそのミミズ堆肥の養分だけでりっぱに育っていますし、そこで生産された堆肥をほかのところで利用するだけでなく、増えたミミズは魚の餌にも使っています。

それから、ミミズを使った家庭用の生ゴミ堆肥化装置も開発されています。廃材となった発泡スチロールの空き箱なんかを再利用して、ごく簡易な生ゴミ堆肥化装置が作られていて、それでもけっこう良い堆肥ができるということです。そういうふうに、コストをかけずに、さまざまな試みが総動員されています。

あと、重視されているのは輪作による地力の保持・向上ですね。いろいろな組み合わせで豆科の作物を輪作することによって、それを肥料源にしています。緑肥などの有機肥料の利用、そのための豆などを組み合わせた輪作、あるいはサツマイモ→インゲン→サツマイモ→ジャガイモといった集約的輪作なんかも盛んに行なわれているということです。

化学薬品に代わる農薬として精力的に開発されているのが生物農薬と細菌・ウイルスの利用

です。生物農薬というのは、害虫を食べたり寄生して滅ぼしたりする昆虫を農薬代わりに使って害虫を駆除する方法のことです。要するに天敵の利用ですね。

キューバでは、ヤドリバエ、キャサバスズメガ、タマゴヤドリバチなどの昆虫が広く用いられているそうで、これらは植物防疫研究所を中心に進められています。特にハチの利用はキューバが世界一だと農業視察チームは評価しています。アリを使ったゾウリムシの駆除なども、非常に原始的だけれど効果が大きいそうで、こういうコストがかからない自然を利用した防除法がいろいろ開発されています。これらの多くは、伝統的な農民の知恵が生み出した防疫法と組み合わされています。

それから、人間には無害だけれど、害虫には病気を起こさせる細菌やウイルスも生物農薬として使われています。バチルス菌、ボーヴァリア菌、トリコデマル菌など、こうした細菌・ウイルスの利用ではキューバはどの国より進んでいる、と農業視察チームは言っています。

こうした生物農薬を効果的に使用するために、植物防疫研究所が中心になって、全国に数百の定点観測地を設けて、それをネットワーク化して、病害虫発生のモニタリングを行なっています。そして、その発生に応じて効果的に生物農薬を使用する「総合防除」システムが構築されているということです。

それから、飼料についても、サトウキビの搾り滓《かす》から、学校・病院・ホテルなどの残飯・生ゴミにいたるまで、すべてを回収して主に豚の飼料にするシステムがつくられています。キューバの食卓に並ぶ肉類のほとんどは残飯でまかなわれているといってもいいほどだそうで、その徹底ぶりに視察チームは驚いています。そして、こうして生ゴミで養殖されている豚の糞が、今度はバイオガスの生産に使われます。豚の糞尿をためて、それに嫌気性の微生物を作用させて、メタンガスを発生させるシステムです。このガスを燃料として使います。それから、このバイオガス装置から副産物として発生する液肥は野菜栽培や水耕栽培の肥料、魚の養殖などに利用するという徹底ぶりです。このように、すべてを循環的に利用していく循環型の農畜産が追求されているのがキューバの有機農業なのです。

大窪　日本では『「捨てる」！技術』（宝島社、新書）という本がベストセラーになったりしていますが、キューバでは「すべてを活かす技術」、リサイクルの技術が全面的に追求されているわけですね。

栃原　一九八〇年代以降に世界各地で開発されようとしている環境保全型農業技術の「博覧会」をキューバでは見ることができる、と言っている人もいますが、まさにそういう感じですね。なんでもやってみて、できることはどんどん実用化している。

山本　それから、さっきから出ている牛による耕起も盛んに行なわれています。牛の飼育は太陽光発電や風力発電を利用した電気柵の中で放牧するシステムが採られていて、こうして育てられた牛を使って、トラクターに代わって畜力によって畑が耕されています。

「（牛を使って）浅く耕せば土を固くしないし、石油を使わないためにも牛耕はいい。……昔の知恵を生かしたほうがいい農業ができるし、機械を使わないほうが終わりのない発展ができるのではないか。……われわれは土地に対して責任がある。産業機械は壊れたら直せばいいのかもしれないが、土地は取り替えることはできない。一日でダメにした自然を元に戻すには十年かかるということを憶えておかなければならない。こういう哲学的なことを、農民たちがさらりという。これはちょっと日本の農民とはちがうな、という印象を受けました」と、視察チームの金子美登さんは書いています。

キューバの有機農業は、こういうふうに農民の中に深く浸透して、一つの思想になっている点に強みがあるのではないかと思います。

【自然環境保護を憲法で位置づける】

樋口　そういう思想が農民の中に根づいているというのは、キューバが憲法で自然環境保全を国家と市民の責任として位置づけるという思想をもっていることと関係していることだと思う。一九七六年に人民投票によって制定されたキューバ共和国憲法には、キューバの環境と天然資源を保護することは国家と市民の双方の義務であることが明記されていたんだよ。これに基づいて、すでに八〇年代から、全国レベルおよび州・都市レベルに、環境の保全と天然資源の合理的利用のための委員会が組織されている。

だから、キューバの環境保全・自然保護志向というのは、最近になってにわかに現れたものではけっしてなくて、一朝一夕のものではない蓄積があるわけなんだな。キューバの土地と自然を保護することは、国家の責任であると同時に、その土地を利用している市民の責務であるという思想で、それが憲法にも規定されているわけだから、農民が「自分たちは土地に対して責任がある」と言うのも、キューバにおいては、まあ、当然といえば当然なんだな。

そして、一九九二年、転換のさなかに改正された憲法では、「持続可能な発展」ということが新たに強調されている。改正憲法第二七条では、こう謳われているわけです。

「国家は環境と天然資源を保護する。環境と天然資源が、人間生活をさらに合理的なものにするための、また生存と幸福と未来の世代を保障するための、持続可能な経済的・社会的発展に密接な関連をもっていることを国家は認識する。このような政策の適用は当該の機関にゆだねられる」

こんな条項が憲法に制定されたことは、世界憲政史上、いまだかつてないことですよ。キューバが初めてやったことです。これは、日本ではまったくといっていいほど知られていないけれど、非常に画期的なことだと思うな。こういう高い位置づけがあるからこそ、有機農業の思想も浸透して、農民全体のもの、国民全体のものになっていったんだろうな。

大窪　農民が、自分たちは土地に対して責任がある、土地を荒廃させてはならない、そのためには有機農業がいい、と言っているのは、そうした憲法的な位置づけが農民の中に浸透した結果だと見るわけですね。

樋口　そうだね。国家の責任と同時に、国民の自己責任の自覚が広がっている。

それから、この憲法改正が、一九九二年七月だけど、その年六月にブラジルのリオデジャネイロで開かれた史上初の「地球環境サミット」では、カストロが「先進国は環境債務を返済せよ」と演説して、発展途上諸国の代表から大きな拍手を浴びたわけだ。先進国が資源を独占し、過大な消費をあおることで資源を破壊し、さらには軍事力の行使も含めて環境を破壊してきたのは、その犠牲になってきた発展途上国に対して、さらには地球に対して先進国が「環境債務」を負っていることになるんだ、というわけだよ。だから、先進国は途上国に対して債務を返せという前に、自分たちの環境債務を支払え、というカストロの主張は、第三世界諸国から大きな支持を受けたわけだ。

一九九六年にローマで開かれた「世界食糧サミット」でも、カストロは浪費をむさぼる富める先進国を痛烈に批判して、大きな喝采を浴びている。朝日新聞も、会期中で会場が最も沸いたのは、このカストロ演説のときだったと報道しているよ。こういうふうに、キューバは自然環境保全、持続可能な発展という点で第三世界のオピニオン・リーダーの役割を発揮しているんだよ。そして、第三世界諸国はそのキューバの役割を認めて、支持をしている。だから、国連の場でも、第三世界のすべての国がアメリカのキューバに対する「経済制裁」を解除することに早くから賛成しているわけだよ。

【帰農の促進、都市と農村の結合】

大窪　さきほど、田中先生から、モノカルチャーの産業構造と、にもかかわらず都市に人口が集中している就業構造との矛盾、アンバランスが指摘されていましたが、農業構造の転換の中で、このアンバランスも是正の方向に向かっているようですね。都市から農村への労働力のシフト、いわば逆流現象が進んでいるようですし、都市住民のボランタリーな農業支援も拡大しているようですね。

田中　機械や農業資材に頼らない農業にすれば、頼りは家畜の力、人間の力ですから、よりたくさんの労働力が必要になります。農業構造の転換にともなって、農村は人手不足に陥ったわけです。これに対して、政府は都市住民の農業支援を促進して、都市の市民が順番に各地の農村に出かけて、泊まりがけで農作業に従事するようになったわけです。

もともとサトウキビのモノカルチャーのもとでは、収穫期に一時的に全国で同時に大きな労働力が必要になりますから、都市住民の援農は、キューバでは従来からも行なわれてきたものだったんです。サトウキビは収穫したらすぐ加工しないと、糖分がぐんと減ってしまう、だから収穫期には非常に大きな労働力を集中しなければならないんですね。そんなわけで、都市から手伝いに行く。だけど、これは国営の農場に都市の生産隊を労働力として投下するという性格のものでした。一時的なものだし、農民の手伝いというより、国営農場の労働力補塡ですよ。いま行なわれている農業支援は、これを収穫期の一時的なものではなく、常時恒常的なものにして、また単なる労働力の投下ではなくて都市と農村の交流、労働者と農民の交流を日常的なものにしよう、というやりかたになってきているのだと思います。それに、これは個人や小集団による経営の有機農業の援農だから、サトウキビの収穫の援助とは労働の質が違ってきますよね。

山本　都市からの援農ボランティアは、もちろん自発的なものではありますが、その労働に対しては賃金が支払われます。どうも、労働時間は都市の労働より長いけれど、賃金は農村の援農労働のほうがいいらしいですね。そして、短期のもの、長期のものといろいろなコースがあるようで、ハバナだけでも、一年間に十数万人の市民が参加するそうです

それから、帰農も促進されていて、ANAPでは就農訓練学校を開いていていて、ここで有機農業の技術教育を受けた人たちが農村に土地を貸与されて移住して農業に従事していくわけです。だけど、なかなか若者が都市を捨てて農村に移住するというわけにはいかないようで、定年後の都市労働者が、こうした制度を利用して就農するケースが多いようです。

樋口　農業のほうが高い所得をえられるということもあって、いまキューバでは帰農ブームが起きているそうだな。

大窪　でも、中高年者が多いわけですよね。

キューバ郊外の農村風景

山本　退職した帰農希望者には政府が〇・二ヘクタールの土地を渡して、そこでの生産物の余剰は市場で売っていい、という制度ができています。

大窪　もともと都市に生まれて都市に住んでいた若者が農村に移住するのはむずかしいですよね。だけど、定期的な援農ボランティアだけでも十分な意義があると思いますよ。私たちといっしょに第一次交流団でキューバに行った元生活クラブ生協の石見尚さん（日本ルネッサンス研究所所長）が、帰農者コミュニティを訪問したりして、そのへんの事情を調査されましたが、「キューバでは、都市と農村の交流なんていう言葉がいやらしく聞こえるほど、都市の市民が頻繁に農村の労働に従事しています」と驚いていました。そして、その背景には、さっき出されたような、環境と天然資源保護を国家と市民の責務とするという憲法規定があるのではないか、と言っていました。

制度的には、二週間単位から二年単位まで、いろいろな期間があるようで、Iターンのほか、けっこうUターンも多いようですね。キューバはもともと農業国ですから、父親や祖父の世代には農民で、いまは都市労働者だという人たちが少なくないんです。みんな「田舎」をもっているわけですよ。その自分の田舎に一定期間帰って、農業をやって、また都市にもどってくる、また行く、というのは、いい関係だな、と思うんですよ。それがキューバでは制度化されている。うらやましいと思いますね。

それから、キューバでは小学校には必ず農園が設けられていて、中学校になると四五日間の農作業実習の必須の授業があるそうですね。高校でも農作業実習は選択だけどほとんどの生徒がやっているそうで、これらは実習というより、実質的に農作業援助です。現場の農業労働に従事しながら、農作業を学ぶわけですね。それから、若者は、兵役の代わりに農作業に従事すればいい、兵役は免除されるという制度もあるということです。こういうふうに若者は農村に移住しなくても、農業労働に従事する機会がたくさんあるわけですね。

樋口　日本でも教育の荒廃の中で奉仕の義務づけなんていうことがいわれているけれど、奉仕の義務づけよりも教育の中に労働を導入することが必要なんだと思う。キューバがやっているのはそれだよ。カストロも、勉学の機会を開かれたものとすることと労働の義務を普及することは一体のものにならなければならないと言っているけれど、教育の場で、肉体労働と精神労働の対立を止揚しようという試みがキューバでは一貫して進められてきたわけだよ。そして、都市と農村の対立という問題も、そうした努力を通じて克服されようとしている。

大窪　それは、労働力の確保ということだけではないんですね。とってもいいことだと思いますね。モラルの問題として大事なことだと思います。

【都市農業と帰農コミュニティの可能性】

山本　それから、都市市民の援農だけではなく、都市農業の展開、都市の遊休地を農地にして、都市で農業生産を行なう試みも発展しているようです。五年ほど前から都市農業プロジェクトが発足したそうで、これは、都市の休閑地に都市住民の手で主に野菜を栽培して、それを同じ都市の中で供給しようという「地産地消」のプロジェクトです。全国で六〇〇〇ヘクタールの都市農園が新たにつくられていて、七五万トンの野菜が作られているそうです。これも、都市と農村の対立をなくし、都市でもできるかぎり食糧を生産して自給していこうという試みですね。さっき田中先生がおっしゃった農産物の生産者と消費者の直結という点でも意義があることだと思います。

濱口　私たちが訪問した農業省の前庭にも、芝生をつぶして畑にした農園が造られていて、農業省の役人が水をやったり、耕作したりしていました。指導する官僚が、まずみずから率先してやっているわけで、そういうふうにやれば、政策の実行も進むはずですよね。日本の官僚も見習ってほしいものだと思いました。

ハバナ市内でも、街中のいろんなところに、例えば市街の中心にある革命広場のすぐそばなんかにも、そういう都市農業の農園を見ることができました。そういうサポートが政府によって行なわれれば、日本でもずいぶん変わってくるように思いましたね。

山本　いずれも「オルガノポニコ」（organoponico）と呼ばれる有機栽培の農場でした。革命広場近くの農場の場合には、都心の近くに一ヘクタールぐらいの敷地のそういう農場があるんで、ちょっとびっくりしました。ここには、職を失った労働者が就農したんだそうで、ほかの都市農園でも、そういうケースが多いようですね。作っていたのはレタス、ホウレンソウ、サツマイモ、カボチャなどの野菜でした。ホテルなどに卸しているほかに、即売所が設けられていて、とれたての野菜がペソで売られていました。

大窪　キューバのやりかたに学ぶなら、日本でも都市農業の展開が十分に可能だということですね。日本の大企業も闇雲なリストラなんかやらないで、都市農業のプロジェクトを組んで、そこに希望する労働者を配置して、それに対する政府・自治体の援助を要求してもいい。そんな形で都市や近郊にエコロジカルな小規模農場群を展開して都市農業を興したら、失業対策にもなるし、それに、エコロジー志向の企業、新しい農業復興ビジネスということで企業のイメージアップもできるんじゃないでしょうかね。

それから、石見さんはキューバでラス・テラサス・コミュニティという帰農コミュニティの見学をしてきて、感心していました。これは都市から移住した約二〇〇人の人たちが、農業に従事しながら芸術や工芸の仕事もしているというコミュニティで、自分たちでコテッジを建設して、山村リゾートも運営しています。村全体がエコミュージアムみたいになっていて、コテッジに泊まった観光客が馬車で周遊して、自然を満喫しながら、エコロジカルな共同生活を見てまわる形になっているそうです。

石見さんは、昔の日本の山村にいるような錯覚を覚えたと言っていましたが、こういう帰農コミュニティも日本の過疎山村で可能だと思いますね。田舎で農業をしたいという都市サラリーマンのニーズも十分ありますしね。伝統的な日本の農村特有のエコロジカルな生活を復元すれば、大都市住民や欧米先進国のエコツアー、グリーンツアーの対象にもなります。日本の現状では、そういうコミュニティで農業だけで食べていくのはむずかしくても、芸術、工芸や新しいタイプの観光、そういうものを組み合わせれば、自立可能だと思うんですけれどね。

それから、キューバでは、ICAP（Instituto Cubana de Amistad con Pueblos キューバ人民友好協会）が運営している農作業ボランティア・キャンプもあります。これは、都市住民や外国人訪問客が、サトウキビやグレープフルーツの収穫のような農作業を手伝いながら、農民と交流し、豊かな自然の中で余暇を過ごすという施設です。そういうキャンプは、最近できたものではなくて、一九六〇年代からたくさんあるそうです。

濱口　それは私たちもICAPで聞きました。日本の生協の方々が利用したいなら、いつでもお世話します、と言っていましたね。

大窪　こういった帰農コミュニティや農作業ボランティア・キャンプといった試みを政府機関が推進しているということも、都市と農村の対立の解決、肉体労働と精神労働の対立の解決という点からしても、注目すべきことだと思いました。

【キューバ農業は二一世紀のモデルになりうるか】

大窪　こういうふうに見てきますと、キューバ農業は、技術形態における機械化・多資材投入型の農業から人間化・低投入型の有機農業への転換、経営形態における集団化・大規模農業から協同化・小規模農業への転換という両面で、持続可能で環境保全型の農業という二一世紀に求められている農業のモデルになっているように思われます。

ただ、問題がないわけではありません。

経営形態の転換は、農業に市場原理を導入する方向をともなわざるをえません。実際、一九九四年以来、さっき言われたような全量政府買い上げの必需食糧品以外で、UBPC、CPAなどの自主管理・協同組合経営の生産単位が生産した農畜産物の一定量は、農牧自由市場で販売できることになって、配給とは別に、ここでは市場価格で農畜産物が販売されています。

濱口　一九九四年一〇月に、農畜産物の自由市場が開設されたわけですね。ここで、個人農民も生産組合も、全量買い上げの必需農畜産物を除いて、生産物の二〇パーセントは自由に販売できることになりました。みなさんもごらんになったと思いますが、この自由市場には、野菜、果物、畜肉などたくさんの農畜産物があふれていて、大変な活気を呈していました。それ以外に、農園のそばに直売所を設けて、生産物を直接販売しているのも見られました。市場価格は、当然配給品より割高ですから、市民は毎日自由市場に買いに来るというわけではなくて、お金が入ったときに、月に一回とか二回とか買いに来る場合が多い、と言っていましたが、それでもたくさんの人たちでにぎわっていました。

そして、この自由市場で販売ができるおかげで、農民の収入はずいぶんと増したようです。もともと生産の奨励のために設けられたわけですから、またそういう作物の生産量が需要に比べて少ない段階では、自由市場を開けば、生産者が儲かるのは当然ですね。

大窪　そのために、自由市場で販売できる生産者と販売できない生産者との間の格差が生まれてきていますよね。例えば、コーヒー生産者の場合は、コーヒーは重要な輸出商品なので全量政府買い上げですから、自由市場の恩恵にはあずかれません。牛乳の生産者なんかもそうですね。これは、コーヒーの場合とは違って、牛乳が必需食糧であるために全量政府買い上げになっているからです。そうしますと、必需食糧を生産している生産者ほど恩恵にあずかれない、という矛盾があることになります。これには、契約供給量を上回った部分に対してボーナスを支給したり、別途に助成金を交付したりするなどの対策が採られているそうですが、それにしても格差が生まれるのは事実です。都市近郊の野菜生産者などは、相当に収入がアップしていると聞きました。

山本　そうですね。ハバナで主に野菜を生産しているある生産者なんかは、平均収入の七倍くらいの収入があるといっていました。ないしょだけど、ほんとはもっと……なんて言って笑っていましたよ。暮らし向きを見ても、一般市民に比べれば、かなり豊かなように見受けられました。

大窪　キューバの経済担当の指導者の中からも、個人経営の農民を中心とした特定の層に金融資産が偏在しはじめる傾向があることが指摘されるようになっていますね。この流動性をどう国内投資の方向にもっていくか、それらの農民からペソを吐き出させる経済政策が考えられているようです。

また、そういう中で、農民の間での格差だけではなく、一般に農民と労働者との所得格差も生まれているようですね。私たちがハバナ郊外のサンアントニオ・デ・ロス・バーニョスのUBPCを訪ねたときに聞いた話では、農民の収入は一日あたり二五ペソで、都市労働者の約二倍だといっていました。同行したICAPの女性職員が「私なんか一日九ペソよ」と言うと、農民のほうが「だけど、労働が違うんだよ。見てくれよ、この太い腕を」と腕をまくり上げてみせて、おたがいに笑いあっていました。農民は儲かっていいな、というやっかみのようなものは見られませんでしたけれど、所得格差があることは歴然としています。

田中　それについては、農業生産を急速に上げなければならない段階では、農業優先の政策を採らなければなりませんから、そういうある程度の格差が生まれるのは、しょうがないことだと思いますね。

大窪　それは、そうでしょうね。だけど、私たちといっしょに行った首都圏コープ前理事長の中澤さんが言っていましたが、全体に市場原理が入れられて、全体が自由化されるなら、それはそれで問題が生じるかもしれないけれど、問題はある意味では単純だ、けれど部分的に入れられることによって生じる問題は複雑で、むしろ矛盾が鋭くなるのではないか、と言うのですが、それもまた確かだと思われるんですね。国家統制経済と部分的自由化の組み合わせは、全体的な統制解除・自由化とは異なる、複雑で新たな矛盾を生み出している、これはこのままではかなり深刻なものに発展する、と中澤さんは言うんですね。

岩垂　それは、観光産業についても言えることですね。キューバ政府は、当面の外貨不足の対策として観光産業の振興を強力に進めているわけだけれども、この政策のために、ドルを手にすることができる観光関連産業従事者と、ドルを手にすることができない労働者との間の不平等が拡大しています。やっかみは見られないと言われましたが、そこに不満が生じるのは当然のことでしてね。一時的なものだとはいうけれど、いったい、長期的にはどうするのか、それが打ち出されないままに、こういう状態が長く続くと、この職種別の労働者の所得格差の矛盾は深刻なものになると思いますね。

そうすると、市場経済の導入が進むにつれて格差が拡大して、やがて特権的な階層が出現することも考えられる。キューバ社会は、社会主義化にともなう「赤い貴族」は生まなかったけれど、市場経済化にともなう「白い貴族」は生んだ、ということになってしまいかねませんよね。

大窪　その点は、キューバ社会全体の問題として、あとで採り上げるとして、キューバ農業のゆくえについてはどうなんでしょうか。キューバ農業は二一世紀の農業のモデルになるという高い評価がある反面、キューバの経済体制、産業構造の中で、このままでいけるのか、という問題も、いま指摘された問題点をはじめとして、いろいろあるわけですね。

田中　それは、キューバの経済構造、産業構造をもっと全面的に検討してみないと何とも言えませんけれど、キューバ農業が採った道、低投入型・持続型の有機農業という方向は、先進国、発展途上国を問わず、今後の農業のモデルになるということは確かだと思います。

そういう型の農業をどう実現するかという点では、それぞれの国、地域によって、経済構造・産業構造が違いますから、一律にはいきません。その点では、キューバにはキューバの基盤があり、キューバ特有の問題があり、日本には、それとは違った基盤があり、違った問題があるわけで、そこに到達する過程は異なったものになるでしょう。そこまでキューバに倣うというわけにはいきません。けれど、到達点としてのモデルにはなるんじゃないでしょうか。そして、技術形態、経営形態のいずれの面でも、気候・風土の違いや社会的条件の違いはふまえながらも、キューバの有機農業から学ぶべき点は非常にたくさんあると思います。

樋口　キューバは、経済や社会が今後どう変わっても、有機農業は継続する方針ですよ。さっき、困難な時期が終わっても牛による耕作はやめないというカストロの言葉を紹介したけれど、農業省や現場の農業指導者は、バイオ肥料とか生物農薬とかバイオ飼料とか、そういう有機農業のやりかたは、今後状況がどう変わっても継続するつもりだと言っていますよ。この転換が後戻りすることはないと思うな。

大窪　キューバ農業の大転換が、環境保全、食糧問題の解決を優先しなければならない全世界的な状況の下で、また脱工業化・循環共生型の社会をめざさなければならなくなっている先進国の状況の下で、大きな実験として注目される新しい道を示していることは確かだということですね。

さきほど紹介した『革命の緑化』でも、最後に、「キューバの実験は人類史上最大の試みである。我々はキューバの成功と失敗から学び、その教訓を警告として注視しなければならない。我々を含めてすべての人たちにとって潜在的に重要なこの実験を支援することは、我々にとって義務でさえある」と結論づけていますが、私たちも、キューバのためだけではなく私たち自身のためにも、今後とも、この実験を注視し支援していかなければならないと思います。

キューバ社会と日本社会

貧しさと豊かさのパラドックス

【日本大使はなぜキューバ・ファンになったか】

大窪　キューバコーヒーの国際産直という事業を通じた交流をたどることを通して、「有機農業大国」という知られざる側面からキューバを見てきましたが、もう少し視野を広げて、政治、経済、社会、文化のいろいろな面から、私たちに見えてきたキューバという存在を語り合っていきたいと思います。そして、そこから、私たち日本人がキューバから学ぶこと、またキューバに対して期待したいこと、をお話しいただければと思います。

樋口　日本が学ぶべき点というところから見たキューバ社会の特徴というと、第一に国家の指導者が清潔であるということ、第二に平等が最大限追求されていること、第三に医療・教育を無料で受けられるといった社会基盤が整備されていること、といった点がとりあえずあげられると思うな。これらは、みんな、現在の日本にはないものだよ。

まず第一の点だが、キューバの指導者は独裁的だといって批判するものはあっても、腐敗していると批判するものはいない。彼らが利己的な動機で権力欲に基づいて行動しているんじゃない、ほんとうに人民のことを考えて行動しているんだということは、批判者を含めてだれもが認めざるをえないわけだよ。その点では、宮本信生さん、田中三郎さんという駐キューバ日本大使が、いずれもそろって、キューバ・ファンになり、カストロ・ファンになったことに注目すべきだと思うんだな。二人とはつきあいがあるけれど、彼らは社会主義者でもなければ左翼でもないよ。別に特別な進歩的思想をもっているというわけでもない。ただ役人として誠実なんだな。そして、外交官として各国の指導者をよく見てきている。そして、その誠実さと見聞の幅からキューバに接して、二人ともカストロに惚れるんだよ。指導者として立派だということを身をもって知って、それでキューバ支持になるんだな。

田中さんなんか、帰任して天皇・皇后に会ったとき、「僭越ながら、天皇陛下と皇后陛下に、『元首としてのカストロ議長の立派さ』ということをお話しした」と言うんだな。天皇は元首じゃないけれど、カストロの立派さから学んでくれ、というわけだよ。それだけ惚れこんでいる。田中さんは、一九九七年のペルー日本大使公邸人質事件のときに、カス

トロの仲介、ペルー大統領フジモリとの会談といった重要場面で、カストロたちと交渉した経験がありますからね。それから、一九九九年のエリアン君事件（難民の少年エリアン君の帰属をめぐる紛争）の対応も身近で見ています。そういう体験から、カストロの指導者としての立派さに感服したと言うんだな。

濱□　田中大使には首都圏コープの集会で講演してもらったことがありますが、二〇〇〇年のエリアン君事件のときに、カストロが、いろいろな政治的駆け引きではなくて、強大なアメリカに対して弱小なキューバが、あくまで「正義」を正面から主張しつづける態度を貫いたことに感心したと言っていまして、「弱いものの強さ」というものを示したのがエリアン君事件の本質だったと言っていましたね。

大窪　道義を掲げて大国を正面から寄り切ったという感じですね。カストロをはじめキューバの指導者には、「義」を掲げる「清廉」な指導者というイメージがあります。

濱□　田中大使は、カストロにはアメリカや日本の指導者が考えるような政治的打算というものはいっさいない、と言っていました。

樋□　それは宮本信生さんも言っていたことでね。宮本さんは、一九九一年から九四年まで駐キューバ日本大使を務めたんだが、ソ連崩壊後の段階で、アメリカや日本の政府や外務省のだれもが、キューバは崩壊する、という判断だったときに、『世界週報』に「キューバ・カストロ政権は倒れない」という文章を書いて、駐キューバ日本大使として「カストロ政権崩壊せず」

と主張した人なんだが、彼の言ったとおりになったわけだよ。あの段階でこんなことを言った人は非常に稀だ。官僚では、おそらく皆無だろうな。勇気ある発言だよ。彼はのちに『カストロ』(中公新書)という本を書いて、そこで「カストロ政権はなぜ崩壊しなかったのか」という問いを立てて、主に二つのことを言っている。

一つは「ノーメンクラトゥーラの不在」ということ。カストロ政権は「かつて存在したいかなる共産党指導部よりも無私であり、清廉であるといえよう」「ノーメンクラトゥーラが存在しない清廉なこの平等社会においては、旧ソ連・東欧指導部に存在したような、一般国民の党・指導部に対する妬みや恨みや怨念は存在しない」。これがキューバが崩壊しなかった最大の要因だというんだな。これは、俺たちみんなが共産党や政府機関の幹部と接して等しくもった印象と重なるよな。もう一つは「カストロの絶大なカリスマ」ということ。「カストロは国民の要望を敏感に把握する能力、巧妙で魅力的な演説と実行力によって国民を指導しつつ、国民とともに歩んできた」「このカストロのカリスマが、経済的危機の中にあってその政治的・社会的安定に寄与した第二の要因であった」と言っている。

あと、「反共感情の不在と反米感情」「地政学上、体制上の要因」をあげているけど、主な要因は、この二つだという。これは、宮本さんが当時キューバにいて身をもって感じていたことだと思うんだな。そして、イデオロギー的に言っているわけではないし、単なる印象で言っているわけでもない。彼は、共産党の政治局員や政府の閣僚が、配給手帳をもって配給所に並んで食糧の配給を受けているのを確認しているし、官房長官や外務大臣が自転車で通勤しているのを見ているわけだよ。

岩垂　社会主義諸国じゃ、どこでも、要人は黒塗りのベンツに乗って敬礼されていたわけですからね。確かに、キューバでは、社会主義諸国だけじゃなくて資本主義諸国に比べても、国の指導者たちと国民との距離が非常に短いことは、我々も実感しましたからね。

樋口　だから、キューバの指導者をほかの国の政治家と同じレベルのものとして考えてキューバを見ちゃあ、だめだということだよ。それを自分の国の政治家との姿からの類推で、どうせこんなもんだろうなんて思うから、キューバの現実をとらえることができないわけなんだな。反対に、キューバの指導者を身近で見てた宮本大使や田中大使は、その違いがわかって、カストロに心酔して、キューバ支持になったわけだよ。大使二人もが、超大国のアメリカの意志にもかかわらず、キューバを積極的に支持して、行動した。これはすごいことだと思うんだよ。そして、それは、カストロをはじめとするキューバの指導者の姿勢に感心したからであったわけだよ。

【つねに現場に急行する指導者】

大窪　もともとキューバ革命は、社会主義革命でも、社会主義への連続的発展の第一段階と

アメリカのキューバ経済封鎖に反対するデモ（ハバナ市内）2000年11月

しての民主主義革命というものでもまったくなかったわけで、革命前に著しい形でキューバに存在した「正義なき不平等社会」を転換する「正義と平等」の実現をめざす農民革命だったわけですよね。

樋口　共産党が指導した革命じゃなくて、革命のあとでカストロたちの運動が共産党を吸収しちゃったわけだよ。

大窪　もともと社会主義をめざそうとしていたわけではなくて、むしろ、アメリカの敵対が、キューバを社会主義の方向に押しやってきたわけです。この原点は革命後四〇年を経ても変わっていないと思うんですね。キューバは、確かに途中から社会主義を実行してきたけれど、それは「義」の事業としてだったんだと思います。キューバを社会主義国として見る以前に、そういう革命の原点から見たほうがいいように、私は思います。

そして、革命後四〇年経っても、「赤い貴族」が生まれなかったというのは、彼らが「義」を掲げつづけて、いつも統治者と被統治者との距離を埋めようとしてきたからで、そのために官僚主義を生まなかったということだと思います。それは革命直後にオリーブ色の軍服とどた靴で全国を走り回って「対話政治」を展開した革命軍幹部以来変わらない伝統で、いまでもキューバの指導者は、何か緊急事態があれば、すぐに現場に直行するし、国民に直接肉声で語りかけるわけですよね。

それは、社会主義国だけでなく、日本の指導者なんかと比べると、雲泥の差で、ほんとうに驚かされます。せいぜい、故小渕首相のブッチホンでしょ（笑い）。だけど、電話だけじゃね。しかも、彼だって、そういう点では日本の首相では例外的な存在だった。それで人気があったわけですよね。

濱□　そういうキューバの指導者の姿勢は、田中大使もペルー人質事件や一九九八年九月の中米のハリケーン大災害のときの対応をめぐって、指摘していますね。ペルー人質事件のときのカストロの迅速な行動については、日本でも報道されましたけれど、ハリケーンのときもそうだったっていうんですね。

樋□　一九九七年のペルー人質事件のときには、日本の総理大臣の特使としてハバナに行った高村正彦外務政務次官（のちに外務大臣）の要請を受けて、カストロ自身が、ただちに公邸占拠中のゲリラとの仲介に動いている。フジモリ大統領とも会談しているし、ゲリラＭＲＴＡ（Movimiento Revolucionario de Túpac Amaru）の指導者のセルパに対しても急遽手紙を書いたりして、直接呼びかけている。田中大使とも迅速に会談している。日本の外務省も、これにはさすがに驚いて、感謝したらしいんだな。キューバに対する見方を変えた。この年から、キューバ政府が国連総会で毎年求めている「アメリカの対キューバ経済・金融・通商封鎖解除を求める」提案に賛成するようになった。それまでは棄権を続けていたんだな。そして、九八年のハリケーン災害のときには、日本は一〇億円の無償援助を行なっているよ。

濱口　そのハリケーンのときには、田中大使が、ハリケーン来襲中の夜間に、嵐の中、外務省に呼び出されていってみたら、外務省には外務大臣臨時代理や農業大臣、国家評議会秘書室長がもう集まっていて、「カストロ議長の命令で日本に援助米を要請したい」と言うわけですよ。まだハリケーンが来襲中にですよ。そして、車がまったく通っていない街中では、カストロの車とすれちがったというんですね。もう、そのときには人間はもちろん、家畜の避難体制もできていて、人的被害はほとんど出なかった。

こういう指導者の迅速な対応、常識破りの要請は、まことにキューバ的、カストロ的である、リーダーシップの自覚と被害に遭いそうな者への心からの気遣いが指導部を動かしている、と田中大使は感心していました。

大窪『風はキューバから吹いてくる』でも書きましたが、危機の頂点に達した一九九四年にハバナで暴動が発生したとき、カストロは自ら暴動の中心地に急行して、マイクで「お前たちが、この体制を倒そうというなら、俺を倒して進め！」と言って、結局、暴徒は解散したということですね。国家の最高責任者が、暴動のさなかに出ていって、暴徒に向かって演説するというのはすごいですよね。

山本　アメリカ原潜の「えひめ丸」衝突事件のときには、森首相がゴルフを続けていたというので強い批判を浴びましたけれど、指導者の行動として、えらい違いですよね。危機管理の際の行動がまるで違いますよね。

樋口　指導者としての能力・資質の違いはしかたがないとしても、国民に対する姿勢が違いすぎるよな。だけど、これは森首相にかぎった話じゃなくて、与野党問わず日本の政治家の姿勢の問題だよな。同時に、カストロにかぎった話じゃなくて、キューーバの指導者はみんなそうだよ。

日本の政治家はキューバなんか軽視しているようだが、とんでもない話で、少なくとも政治家としてのありかたの点では、キューバの指導者から謙虚に学んでほしいもんだな。

大窪　今日のご出席者の中で、カストロに会ったことがあるのは、大田さんだけですかね。

大田　会ったというのではなく、演説を聴いただけですけれどね。原稿なしで、五時間演説しましたよ。最後は、夜の一二時を過ぎて、会議の参加者全員が立ち上がって、拍手しつづけて、強制的にやめさせたんですけどね（笑い）。非常にゆっくりとした、かんでふくめるような口調で、ジョークを連発して笑いも取るし、聴衆を惹きつける名演説でしたね。ただ、長すぎる（笑い）。

【「悲惨なき社会」の実現】

樋口　革命前のキューバというのは、ひどい状態でね。一九五三年の国勢調査では、農民の五四パーセントが、電気も水道もトイレもない土間だけの掘っ建て小屋に住んでいた。仕事があるのはサトウキビ収穫期の四カ月くらいで、あとは「死の季節」といって失業状態、マラリヤや結核や寄生虫病がはびこっていたけど、医者にもかかれない。子供たちは靴もなく裸足で歩き教育も受けられない。この砂糖プランテーションを牛耳っていたのがアメリカ資本だよ。その下でキューバは半植民地的状態にあって、農民の悲惨な状態の一方で、ハバナでは一握りの富裕階級が大変な享楽をむさぼっている。そういうひどい状態だったわけだよ。

大窪　カストロたちの革命は、そういう状態を何とかしようということから始まったわけで、インテリが社会主義思想や共産主義の理念を自国に適用して俺たちもひとつ社会主義を実現してやろう、というようなものではなかったわけです。だから、いまでもキューバの政府機関の人たちの口からよく、sin miseria、英語で言えばwithout misery、「悲惨なしに」という言葉を聞いたのが印象的でした。キューバにおける平等とは、平等理念の適用というより、何よりも、そういう悲惨な状態を具体的になくすことであって、その意味では樋口さんが三番目におっしゃった貧困をなくす社会的基盤の整備ということが、その具体的な内容だったと思うんですね。

革命政府の初期の政策は、農地改革、教育制度改革、貧民救済、黒人差別撤廃の四本が柱です。社会主義政策ではないんですよ。それが一九六一年のプラヤ・ヒロン侵攻、事実上アメリカ合衆国によるキューバ潰しに際して、カストロが社会主義革命宣言をして、社会主義のほうに舵を取ることで、基本的に私的所有の廃絶の方向に向かうわけだけれど、その頃だって、カストロやゲバラの共産主義論はマルクス・レーニン主義の共産主義論とはずいぶん異なるものだった。

田中　そうですね。キューバの社会主義というのは、一貫して、むしろ弱者・貧者を支える社会的インフラをどうつくるか、という観点が主要なものでしたよ。だから、ミルクが足りないというときでも、それをどう平等にするかというより、乳幼児や学校や病院や貧困世帯に優先的に配給することをまず考えているわけですね。平等といっても、一律の平等ではない。横並びの平等ではない。だから、キューバの社会は平等だけど自由がない、というようなことがよくいわれますけれど、自由を犠牲にして平等を実現しようというのではなくて、最低限のところは全員が等しく保障される社会をつくろう、そういう意味での平等を実現しようという社会であって、自由はその上でこそ考えられるものだ、ということだと思うんですね。

大窪　ほぼそういうことだったと思いますね。そういう意味では福祉国家の建設と基本的に変わらないものだったと思います。ただ、キューバを取り巻く環境、特に冷戦構造の下での国際政治の現実に規定されながら、一九六三年の第二次農地改革、六五年のキューバ共産党創設あたりからは、そうした社会を、「キューバ流」という限定はつくものの社会主義政策を通じて実現していこうとしたことは確かであって、その意味では、いまそういう社会主義政策が有効だったかどうかが問われていることも事実だと思います。しかし、そのことによって、革命キューバのもともとの試みの意義まで社会主義の是非に解消してしまうことはできない。

樋口　いまでも、ラテンアメリカの社会の多くは、革命前のキューバと似た状況にあるわけだよ。俺はペルーにも行ったけど、リマの大統領官邸なんて、ものすごく豪華なもんだよ。だけど、裏にまわって少し行くと、もう広大なスラム街だよ。街にはストリート・チルドレンが満ちあふれている。その対照は、すごいもんだよ。それから、ボリビアなんかにして、ものすごい貧富の差があって、しかも社会保障がない。病院に行っても、まず薬局で注射針や包帯まで買ってこないと治療を受けられないわけだよ。みんな自分で買ってくる。貧乏人は病院にも行けないわけだよ。それに対して、キューバでは、ほかのラテンアメリカ諸国のようなスラム街は存在しない。ストリート・チルドレンはいない。医療は無料だろ。それだけじゃなくて、医療技術の開発を重点的に進めていて、自分の国が苦しい中でも第三世界に対して医療援助を行なっているし、ラテンアメリカ諸国の医者の養成を引き受けている。ソ連のチェルノブイリ原発事故の犠牲者の子供たちを受け入れて治療する施設を、ものすごい経済危機の中でも維持して運営してきているわけだよ。

栃原　チェルノブイリの子供たちの治療を行なっているハバナのホセ・マルティ病院には、私も行きました。延べ二万人の子供たちを治療したということです。特筆すべき支援活動なのに、とりたてて宣伝したりは全然しないところがキューバらしいですね。

大窪　メレンデス駐日大使によると、外国の患者がキューバで治療を受けるために組織されている「ヘルス・ツアー」には、これまで六四カ国から数万人が参加しているそうですね。もちろん先進国からやってくる人も多いといいます。カナダ、イタリアからのツアーが多いようですね。自国では治療が困難でも、キューバなら治療できる病気があるんですね。それだけ医療技術の水準が高い。これも日本ではほとんど知られていないことです。

樋口　特に脳髄炎の治療薬は、キューバが早くから開発したもので、世界一だよ。経済封鎖をしているアメリカですら、この薬の輸入は認めているくらいだ。脳梗塞の治療薬でも、キューバでしかできないすごいのがある。

それから、「ヘルス・ツアー」っていえば、サッカーのスーパースター、アルゼンチンのディエゴ・マラドーナは、麻薬中毒の治療のために、キューバの病院に入院しているんだな。

大窪　いつ？

樋口　二〇〇〇年だよ。

大窪　へえー、そうだったんですか。マラドーナがチェ・ゲバラのタトゥーシールを腕に貼ってリオのカーニバルで踊っている写真を見たことがありますが、キューバで治療をね……

栃原　医療技術の高さということもあるけど、けっこうキューバファンなんですよね、マラドーナは。

大窪　ヒューバーマンとスウィージーの『キューバの社会主義』（上巻、岩波新書）によると、革命の結果、いくらも経たないうちに、革命前にハバナ大学で教えていた医学部教授一五八人のうち一四一人が亡命してしまい、国中の臨床医の三分の二に当たる二〇〇〇人がやはり国外に去ってしまったということです。そんな状況の下で、革命キューバは、教育とともに医療を最も重視して、医学者と臨床医を懸命に育てて、一九九六年の統計では、医師数五万六九二五人、国民一九五人に一人までにしたんですから、りっぱなもんです。

「悲惨なき社会」の実現には、まず教育と医療だ、ということで精力的に進めてきたわけですね。

【市場原理と自由・平等・友愛】

樋口　そういう意味では、キューバの社会主義は、

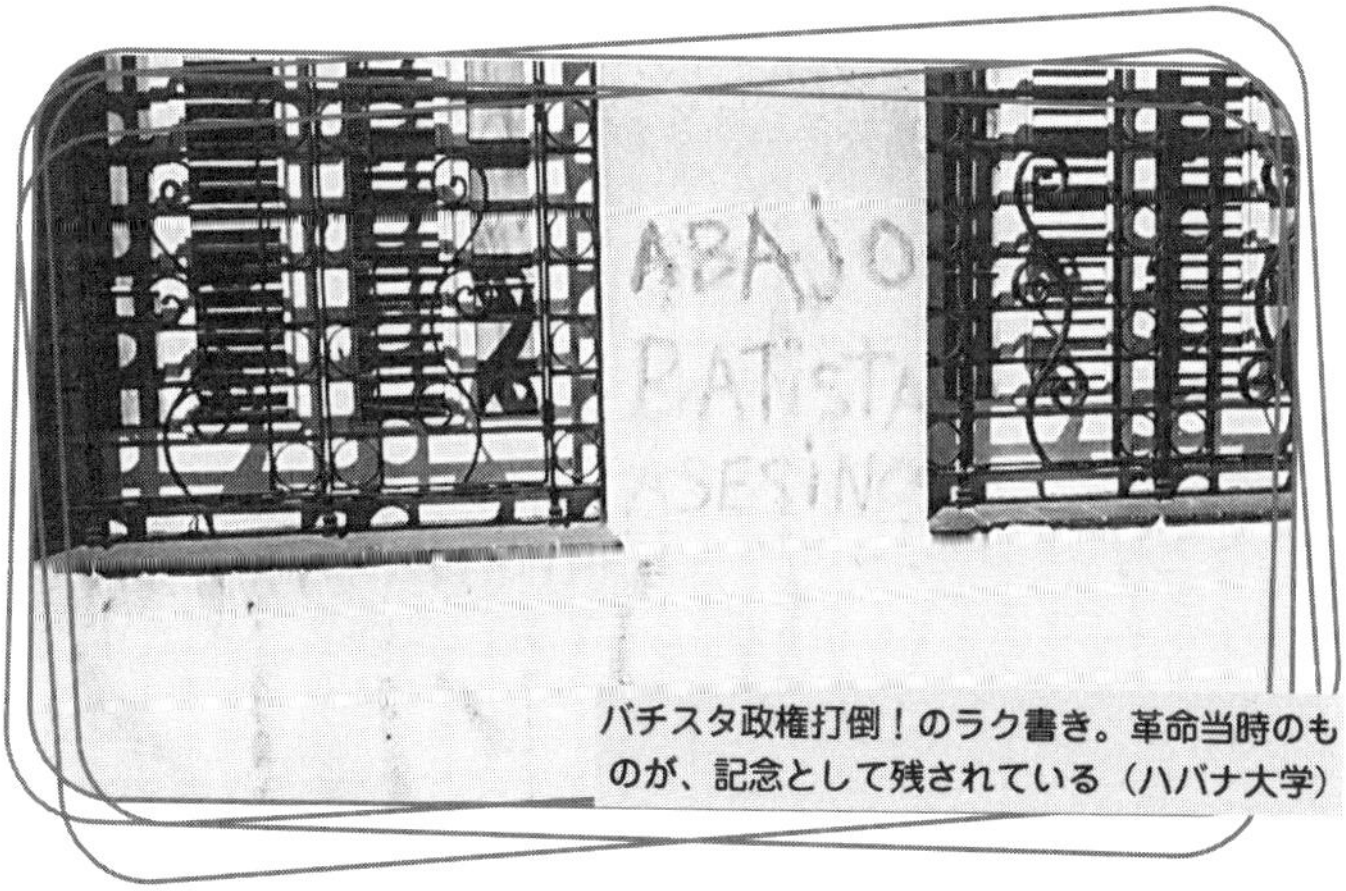

バチスタ政権打倒！のラク書き。革命当時のものが、記念として残されている（ハバナ大学）

平等に友愛という要素をセットにしたものになっていると思うな。

大窪　それは、僕の印象では、レーニンの社会主義というよりは、もっと前のフランス革命の理念に基づこうとしているようなもののように思われるんですね。

一九九九年はキューバ革命四〇周年の年でした。カストロは、元旦に、一九五九年のこの日に革命勝利を宣言したサンティアゴ・デ・クーバの市庁舎バルコニーにふたたび立って、記念演説をしました。その直後に、そのときの演説原稿を樋口さんから渡されて訳せといわれたんで、読んでみました。僕のスペイン語ではよくわからないところもありましたが、その中で、カストロはまず、革命戦争の思い出と受け継ぐべき遺産について長々と語っていまして、それ以外は主に世界経済システムの問題を採り上げていました。

そこでは、「人間の自由」の問題を採り上げていて、新自由主義的グローバリズムは「人間の自由と市場の絶対的自由とは切り離せない」としているが、それは「エゴイズムに立脚した社会観を偽善的な形で表現したものにすぎない」と言っているんですね。そして、「本来ブルジョワ革命の聖なるモットーであった平等と友愛ぬきには、自由を実現することはできない」「平等・友愛こそが市場原理と不可分なのである」と言っています。

この自由・平等・友愛を切り離せないものとしてひとつのセットで考える思想、市場原理もそういうものに立脚して考える思想というのは、カストロが新自由主義批判のために便宜的に持ち出したものではなくて、彼の本心なんじゃないかという気がするんですね。それはマルクス主義が旧き思想として批判したものですが、カストロは、そして革命キューバは、もともともっていたそうした思想に、いま社会主義の実行を経たあとで、またもどろうとしているんじゃないか、そういう印象をもったんです。

栃原　市場原理は友愛と不可分と聞くと、協同組合原理のことを思うんですよ。協同組合原理と協同組合組織を導入してこそ、友愛と両立する市場という構想も成り立ってくるというふうに、私なんかは、思うんですけれどね。

大窪　その点については、あとであらためてテーマとして採り上げて、話し合ってみたいと思います。

岩垂　それから、人間の自由は市場の絶対的自由と切り離せないものではない、と言っているけれど、政治的自由の問題はどうなんだろうか、という疑問は残りますね。

大窪　そうですね。キューバには旧社会主義諸国のような特権階層を成した共産党、あるいはノーメンクラトゥーラみたいなものは存在しないにしても、国家と共産党が背中合わせになって階層秩序を形成して、国家を運営しているわけですよね。それは依然として変わっていないわけですね。

岩垂　市場原理の導入というのは、要するに経済的多元化ですよね。経済的多元化は、必然的に政治的多元化、つまり一党独裁制の否定と政治的自由の拡大に進まざるをえないんじゃないですか。

大窪　けれど、カストロ政権は、いまのところ共産党による政治的一元化を崩そうとはしていませんよね。私はキューバが採っている「創造的多様性」（pluralismo creativo）という政治制度がどういうもので、どういう実態なのか、よくわかりませんけれど、キューバの政治家は、この制度によって実質的に多元性が確保されているという考えのようですね。数少ない国内反体制派も、政治制度の代替案は出していないようです。

そもそも革命キューバというのは、長い間、国会（人民権力最高会議）の選挙も行なわずにきたわけで、第一回選挙はやっと一九九三年になってからですからね。そもそも、彼らから見ればブルジョワ独裁の本質を覆い隠す「イチジクの葉」である選挙や議会なんて、軽視してきたんですね。議会制民主主義になんて、重きをおいていなかった。

それに、共産党自体が、そう言うと語弊がありますが、便宜的につくったようなもんで、全然一枚岩じゃなくて、内部は非常に多様なんです。もともと寄合所帯的に集まった七月二六日運動、革命幹部会、人民社会党の各系列は、いまだに系列として残っているようですし、それだけじゃなくて、そのときどきによってさまざまなグループの間で党内論争が始終、おおっぴらに行なわれていて、そのたびにイニシアティブが変化しています。その意味では、一党独裁といっても、ソ連や中国のような一枚岩の独裁じゃ全然なくて、いわば自民党の独裁みたいなもんに近いんですね。

それから、伊高浩昭さんが『キューバ変貌』（三省堂）で言っていて、なるほどと思ったのは、キューバ共産党はメキシコの制度的革命党と似ているというんですね。ただし、制度的革命党が腐敗しきっているのに対して、キューバ共産党は清潔である点が違うけれど、革命の原理が憲法下で制度的に継続することを担保する装置という点では同じ役割をになっているというんですね。キューバの指導者たちは、たぶん、そういう意味で共産党の機能を考えているんだと思います。

いずれにしても、共産党自体が多元的だから、キューバはすでに政治的多元性はもっている、という政治学者もいます。だけど、それなら、多党制にしたっていいじゃないか、ということにもなるわけですけれどね。

どうも、政治制度や政治風土が違いすぎて、日本の常識では判断できないところがあるように思いますね。この点、つまりキューバ的「創造的多様性」体制と日本のような議会制民主主義との比較論については、日本での政治学的研究も、私が知っているかぎりでは、あまりみかけません。

ただ、今後、現政治制度の枠内であっても、多元性がさらに促進されざるをえないのは確かだと思います。

大田　共産党の党内論争という点では、最近でも、カストロ議長と若手改革派のカルロス・ラヘ副議長とがテレビで大論争したそうですね。党内論争は活発で、かなり公開で行なわれているようです。

樋口　カルロス・ラへというのは、国家評議会副議長で、共産党の経済担当責任者、経済改革派の中心人物だよ。ホセルイス・ロドリゲス経済企画相なんかとともに、革命の第三世代を代表する若手で、ポスト・カストロの有力指導者の一人に数えられている。そういう若い、次代の指導者との間で活発な論争が公開で展開されるというのは、必要なことだし、大事なことだと思うんだな。

岩垂　それにしても、政治的な自由化の促進というのは、ますます不可避的に要求されるようになるだろうし、指導者たちの指導性というのも、そういう自由化を前提にしたうえで確保されるものでなければならないように思いますね。

田中　私も、さきほどもちょっと言いましたように、今後のキューバの社会体制は、一階が「平等」、二階が「自由」という二階建ての体制にならなければならないし、そうなっていくんじゃないかと思い

夕涼みに、海岸で遊ぶ子どもたち

ますが、その二階の自由の中には、当然、政治的自由が含まれなければならないと思います。

【市場原理導入のゆくて】

岩垂　それから、平等をセットにした市場原理といいますけれど、キューバにおいて、市場原理の導入が平等を崩しているのは紛れもない事実でしてね。特に観光産業の自由化によって、ドルをもてる者とドルをもてない者との不平等が拡大しているわけです。外国観光客相手の白タクで五〇ドル稼げば、労働者の平均賃金の何カ月分も手にすることができるわけですからね。これは明らかな不平等ですよね。

大窪　私もそう考えていたんですが、けれど、よく聞いてみると、観光産業の推進は、実際には必ずしも市場経済の導入という動機によるものだけじゃなしに、キューバの通貨ペソの二重性によっているものなんですね。だから、市場原理とは別の要素から考える必要もあると思うんです。その背景にはキューバの外貨不足と、それをもたらしたアメリカ合衆国による金融封鎖があるわけです。

キューバはソ連圏社会主義の崩壊で外貨獲得先を大きく失いました。しかも、金融封鎖によって世界銀行やＩＭＦなどからの低利・長期の融資を受けることができません。このために、国民の生活を守るには、懸命に外貨を稼ぐ必要がある。その当面の最も有力な手段が観光産業なんですね。

そして、一方で、ペソとドルとの対外兌換率を一ドル＝一ペソに固定することで国家資金を確保しようとしたわけです。キューバ人が二ペソで飲めるモヒート（キューバ名物のカクテル）に外国人観光客は二ドル出さなければなりません。これによって実勢以上に外貨が稼げます。実勢の相場は、僕らが行ったころで、だいたい一ドル＝二〇ペソでした。実勢より二〇倍のドルが稼げるわけです。これをキューバの人たちは「ペソの魔術」（magia de peso）といっています。

これはもちろん、観光産業関連の個人営業者がそれだけ稼げることを意味していますが、それは外貨を獲得する手段でもあり、またペソを守る手段でもあるペソの二重化戦略によってもたらされたものなんですね。そして、こうして守られたペソが食糧の配給制度、公共料金の公低価格の基礎になって、弱者・貧者を守る社会的制度をになっているわけで、むしろ非市場的経済を守っているという側面もあるわけです。

樋口　伊高浩昭さんの『キューバ変貌』に出て来るんだけど、キューバ中央銀行総裁のフランシスコ・ソベロンは、こう言っている。「ペソはドルのしもべではないのです。だれも飢え死にせず、だれも野外で寝ることのない最低限の人間生活が全国民に保障されています。この人道的社会制度を象徴するのがペソです」。だから、ドルとの単純な交換比率だけからキューバ人は月収一〇ドルだというのはおかしい、ペソの二重価値がキューバの最低保障の社会制度を守っているんだ、というわけだな。

岩垂　しかし、不平等を拡大させているという側面があるのは事実だし、そのまま拡大されていけば、非常に大きな問題になると思うんですけれどね。ソ連にしても、中国にしても、この市場原理導入を契機として生じた不平等からみんな崩れていった、あるいは崩れつつあるわけですからね。

大窪　そこで、ドルを手にすることができる人たちを少なくしていくのか、それともむしろ多くしていくのか、という問題があるわけで、私なんかは、過渡的には、むしろ、こういうドル建てで仕事ができる労働者を増やしていけばいいんじゃないか、と考えるんですけれどね。現在のホテル産業のように、外資を入れて合弁を拡大していくことによって、これは果たせます。

実際、ドルを手にすることができる国民は、一九九三年には一〇パーセントだったのが、僕らが行った九八年には五六・三パーセントになっていました。それを一〇〇パーセントに近づけていけばいいんじゃないか。その一方で、これは弱者・貧者を守る社会的基盤を掘り崩すものじゃなくて、むしろそれを維持するものなのだから、いいじゃないか、と思うんですけどね。つまり、ここまでの生活水準は国家が保障する、そのための負担は全国民に求める、だけど、それ以上については基本的に自由にやっていいよ、という経済制度ですね。その二つの方向の間のバランスはむずかしいでしょうけれど、カストロが言っている「平等と友愛をセットにした市場原理」というのは、そんなイメージなんじゃないかと思いますけれどね。

樋口　それだと、「ドルのしもべ」になりかねないんじゃないかな。だけど、キューバの場合、そのへんは、中国の「社会主義的市場経済」とは大いに違うと思うんだな。中国の場合は、簡単にいって、結局、従来の官僚制的政治体制を社会主義の名で維持しながら、経済体制は市場経済の導入の名で弱肉強食の資本主義にしていこうというもんだよ。キューバの場合は、そういうもんではない。大窪君の言うような方向だけじゃなくて、経済制度の改革自体を単なる資本主義の導入ではなく独自に考えていると思うんだな。だから、そこには協同組合の導入という要素も可能なんじゃないかと思っているんだけどね。

岩垂　だけど、当面の市場経済の部分的導入というのは、社会主義経済を基本にしながら、そこにカンフル剤を射っていこうというものでしょ。それはカンフル剤としては利いたかもしれないけれど、基本である社会主義統制経済自体をどうするのかという見通しなしにカンフル剤だけ射っていくのは危険ですよね。射ちすぎれば利かなくなるし、身体が弱ってくる。中毒にもなりかねないですよ。さっきの中澤さんの意見のように、部分的導入が、かえって矛盾を鋭くしている側面もあるわけですしね。

それじゃあ、全面的に導入するか、ということになれば、また別の大きな問題が生じるわけですよ。さっきもちょっと言ったように、キューバは社会主義の下では「赤い貴族」を生まなかったけれど、資本主義を復活させて「白い貴族」を生むということになりかねない。

そういうわけで、私は、キューバが市場経済の導入を急速に進めるのは危険だという判断なんですけどね。

樋口　いまのキューバの路線が矛盾に直面しているのは確かに事実だとは思うんだよ。だけど、それはやむをえざる選択なんじゃないかな。観光産業の自由化にしたって、これからバンバン外国資本を入れて市場経済化していこう、その先駆けが観光産業だっていう位置づけだったわけじゃなくて、さっきいわれたような経済危機と外貨不足の中でのやむをえざる選択だったんじゃないかと思う。実際、カストロは初めは観光産業の自由化には反対だったんだよ。だから、キューバ指導部は、考えに考えた末に、限定的にやったことだと思う。

だけど、観光産業の振興は、どん底の経済危機から脱出する大きな力になったわけだよ。俺が最初に行った一九九一年なんて、モノなんてなんにもなかったんだからね。ホテルにだってろくな食べ物はなかった。おみやげなんて買うものもないよ。そのあとの九二年から九四年くらいがどん底だろ。人間は餓死しなかったが、犬が餓死した。そこから立ち直るのは並大抵のことじゃないよ。日本の敗戦のときもひどかったが、あんときはアメリカなんかの強力な援助があったからね。キューバはなんの援助もなしに自力でやるしかなかった。それが九五年から改善にむかって、一九九九年はGDP（国内総生産）八・二パーセントアップというかなりの上昇に転じることができた。奇跡的な復興だよ。それには、観光があずかって大きかった。

それに、ただカネを稼ごうというんだったら、例えば主要産業の砂糖産業に外国資本を入れて、キューバの安い労働力を使って稼ぐって手だってあったわけだよ。アメリカと妥協すればいい。だけど、そういう道を採らないで、農業においては、むしろ有機農業化して自給を拡大する方向を採ったわけだよ。なぜそうしたのか。自立のためだよ。そして、観光業による需要拡大で、農業や建設業を前進させて、全体として自国経済を自力で充実・発展させたわけだよ。農業・建設業に対する観光業の経済効果は、はっきりと数字で出ているよ。総体的な自立戦略を採ってきたということだな。

大窪　その意味では、観光産業の重視と有機農業への転換がときを同じくして推進されていたことの意味を見なければならないということですね。必ずしも見通しなしにカンフル剤を射ってきたというわけじゃない、と見るわけですね。

樋口　そういうことだよ。だけど、確かに、問題は、今後だと思うな。危機はしのいだ。だけど、今後、産業・貿易の中心を何にするか。それによってどう自立していくか。そのためにどういう経済改革が必要か。どういう経済制度が必要か。

観光自体が悪い産業だというわけではないですよ。キューバには豊富な観光資源がある。この間、『日本経済新聞』に、いちばん行きたいビーチというアンケートの結果が出ていたけれど、第一位はキューバですよ。自然があり、音楽があり、ダンスがあり、人なつっこい人たちがいる。観光立国は十分考えられますよ。

だけど、それだけじゃ無理なんで、医療技術とかバイオテクノロジーとか、キューバが蓄積してきた技術力を活かした新しい産業分野が考えられなければならないんじゃないかと思うんだな。それは十分可能だと思うよ。カストロは、すでに一九九一年の共産党第四回党大会で、「バイオテクノロジー、医薬品工業、医療機器の見通しは明るい。いつかは砂糖生産を上回るだろう」と言っているよ。革命キューバが、何よりも医療の充実を優先して研究開発してきた成果だよ。それは、ものすごい大きな産業分野じゃないかもしれないけれど、キューバらしい、非常に道義的で意義のある、そしてキューバくらいの規模の国を支えるに十分な産業になりうると思うんだけどな。

【グローバリゼーションの中での自立】

岩垂　私もキューバに自立してほしいと思いますよ。そのための新しい産業の開発も必要だろう。だけど、今日のグローバリゼーションの中では、キューバのような脆弱な経済では国際競争力がないでしょ。そういう中で部分的な自由化であれ、それを進めていけば、否応なくグローバリゼーションに接続していくことになる。市場原理の導入は、必然的にグローバリゼーションとの対面を余儀なくされますからね。

観光産業はカンフル剤になったかもしれないけれど、それだけではキューバ経済を支えきれるものではない。今後に開発されるべき新しい産業は、激しい国際競争にさらされる。そうしたときに、キューバは、どんどん市場の論理に侵食されていって、グローバリゼーションに飲み込まれてしまうんじゃないかという危惧を感じるんですけどね。グローバルな競争を勝ち抜ける産業があるんだろうか、となると、僕はどうも悲観的になっちゃうんですよね。

山本　グローバリゼーションの中で、どう生き残っていくのか、という問題ですね。それは、キューバの課題であると同時に、実は、日本の生協の課題、私たち首都圏コープ自体が直面している問題でもあるんですよ。

世界第二位の小売業、フランスのカルフールが、二〇〇〇年幕張に上陸し、二〇〇一年に町田に出店しました。首都圏コープの供給エリアですよ。カルフールは、これまでに日本に存在した流通業以上に本格的なグローバル・ロジスティックス（全地球的物流管理）を駆使して、半額まで価格破壊をするというんですね。それだけとれば、我々のような生協は対抗するべくもないですよ。

それじゃ、どう対抗していくのか。商品の価値で対抗していくことだと思うんですよ。価格には還元されない価値を、我々の供給する商品に具現化して、それで勝負していく。特に「食」については、そのことが重要です。私たちは、一つひとつの食料品について、安全性と品質を前面に出して、しかもなぜそれが安全で品質がいいのか、どうしてこういう商品が生産され供給することができるのかを消費者に伝えていきます。それは生産者が進めている環境保全型農業によるもんなんですよ、私たち生協はそういう生産者とこういうふうに直接提携して供給しているんですよ、そういうことを明らかにして、さらには参加を訴えていく。私たち消費者の力でそういう農業を支え育てていくことができるんですよ、それが生協なんです、ということです。

例えば、私たちはそういう観点から山形県の米沢郷の生産者の鶏肉の産直を二〇年にわたって積み重ねてきましたが、この鶏肉は、市場価格からいったら、かなり高いです。それだけの労働が投下されているわけですからね。でも、生協組合員は、たくさん利用してくれるんです。それは価値を知っているからですね。全米ブロイラー協会の会長は、ＭＲＳＡ（メチシリン耐性黄色ブドウ球菌）を使うなという要求に対して、「こんな価格の鶏肉に抗生物質を使うなというのか」と平気で言うわけですよ。そういう食糧生産の体系に接続したグローバルなロジスティックスに対して、私たちは価値創造で対抗してきたわけです。

つまり、グローバルな巨大流通業に対して、全面戦争を勝ち抜く必要はないということです。そして、それは有機だから付加価値を高くして、それで儲ければ商売になる、という「有機ビジネス」とは違います。私たちは、組合員に対しては、情報をまったく公開して、そのうえで価格を下げる努力をしています。参加によってもっと価格を下げる取り組みもしています。有機農産物だから高くてもいい、むしろそういうものを買っているのがステイタスだというような消費者を相手にして儲けるのではなく、もっと大衆的なレベルでの価値観に基づきながら供給ができるし、しなければならないところにまで、先進国の消費者は成熟してきているんだと思います。だから、量結集によって価格も下げていくことができる。私たち生協も、ハイグレード・ビジネスではなくて、広い層を対象にした協同組合事業が展開できるんですね。

これは、一事業体と国家という違いはあっても、キューバにも当てはまることだと思うんですね。キューバだって、グローバルな巨大企業と全面戦争をして、それに勝ち抜かなければ生き残れない、ということはないんです。キューバなりの価値創造をすればいいんです。そうすれば、必ず支持してくれる消費者が広範にいる。そうして、キューバがそういう価値創造の方向を採っていると思うからこそ、私たちも、キューバとの全面的な交流を含めた提携をしようと考えているわけなんです。

大窪　キューバは必ずしもグローバル化する必要はないということですね。確かに、一三億もの人口をかかえた中国のような大国なら、いったん国際化したら、グローバリズムに対する対応は大変でしょうが、キューバのような規模の国だったら、独自の道が可能ですよね。

メソアメリカ（中米）でも、エルサルバドルが軽工業を盛んに興して工業化の道を採って、「中米の日本」なんていわれて、一時台頭していったんですが、結局グローバル化の波に負けていった。それを見てか、隣のニカラグアは、サルディニスタ革命のあと、むしろ自立的な農業立国の方向にもどっているんですね。キューバも、一時は工業化を通じた自立社会主義の方向を採って失敗した経験がありますから、現在では、いわば身についた自立の方向を追求しているのだと思います。冷戦下で体制選択を余儀なくされるという状況の下で第三世界に存在していた社会主義的開発独裁というモデルが消失したいま、グローバリゼーションに飲み込まれない、山本さんの言う「価値創造」の道が、むしろ、開けてきているのだというふうにも思えます。ただ、前途が多難であることは確かだと思いますけれどね。

樋口　その「価値創造」という点では、さっきのソベロン中央銀行総裁が、キューバ経済の五つの基本戦略の中に、「経済の分散化」「外資への開放」「外資の優先投資分野」とともに、「企画」と「情報化」をあげているのが注目されると思うな。その内容はまだ俺にはよくわからないところがあるけれど、キューバなりのソフト開発、「価値創造」の戦略を考えていると思うんだな。

岩垂　山本さんの言う「価値創造」というのはよくわかるんですよ。ただ、社会主義を維持しながらそれを追求していくのは非常に困難だろうという気がします。

【キューバの貧しさと豊かさ、日本の豊かさと貧しさ】

濱口　私はキューバに行きましてね、はっきりいって貧しいと感じました。

大窪　中米ではキューバが生活物資はいちばん貧しいでしょう。

濱口　それにもかかわらず、豊かさを感じたんですね。

栃原　貧しさの評価基準の問題でしょう。何を貧しさと見るかという問題なんだと思いますね。私は、キューバの街を一週間ぶらぶら歩いて、キューバ人は幸福だと思いましたよ。

濱口　私は、いまの日本の若い人たちはキューバを貧しいと感じないんじゃないだろうか、とふと思ったんですよ。彼らが求めている豊かさというのは、日本にはなくて、むしろキューバにあるんじゃないか、という感じですね。それから、私たちの世代の者が、一時はかいまみて、いまは失ってしまったものがキューバにはある、というふうにも感じたんですね。この二つの感じは、おそらく関連しているように思うんです。

栃原　それは、私がキューバの街に私が少年時代の六〇年代初めの田舎町の印象を感じたのと重なりますね。

濱口　よくラテンアメリカの人たちは怠け者でいい加減だというでしょ。だけど、私は、自分が接したかぎりでは、キューバ人はまじめで誠実だと思ったんですね。

山本　ビジネスの交渉をしていても、それはそのとおりでしてね。私たちが交渉した人たちは、できることはできると言い、できないことはできないとはっきり言うんですね。そして、できると言ったことは必ず実行してくれました。できないと言ったことについては、それはできないけれど、あなたの要求に沿った方法としてはこういう方法がある、と提示してくれました。そして、その方法について、努力してくれる。それは、非常にやりやすかったですし、濱口さんが言った誠実さを感じましたね。こう言っちゃなんですが、私のいくつもの経験では、中国や東南アジアではこうはいきませんよ（笑い）。

大窪　できないことはできないとはっきり言うのは、責任感の表れですからね。

濱口　さっき樋口さんが、明治維新の志士みたいな人間は、いまではむしろキューバにいる、と言いましたが、私が昔日本で接して感心したまじめで誠実な人間を、いまの日本ではあまり見ることができなくて、キューバで見ることができたという感想をもったんですね。

樋口　それはね、かつての日本のように、キューバが生きることに懸命になっているからだと思うんだな。官僚も政治家も、懸命になっている。作家の村上龍は、キューバ音楽に魅せられて、自他ともに認める「キューバ・フリーク」になっているわけだけど、その村上龍が、『毎日新聞』のインタビューで、キューバ音楽の魅力はどこにあるか、と問われて、キューバにあるのが「極限状況で闘う勇気とプライド」だからだろう、と言っている。「常に危機にひんしてきたキューバでは、人は音楽で〝生き延びる〟力を得てきた。音楽が美しいのは自然のことで、切迫感が違うんです」と言うんだな。俺は、そのとおりだと思うよ。

濱口　その「勇気とプライド」ということですけれど、田中大使が講演でこんなことを言っていたんですね。日常生活において、キューバの人たちは「正義（justicia)」、それから尊厳（dignidad）ということをほんとうに愚直にまじめに信じて、追求している」というんですね。「貧しい中で、というよりも、貧しいがゆえに、人間の尊厳とか正義というものを、いわば唯一つの生きる拠り所として生きている」それがキューバ人だと言っていました。そのへんが、私が感じた貧しいけれど豊かだ、貧しいがゆえに豊かだ、ということと重なってくると思うんですね。

大窪　貧しさは弱さではないと思うんですね。それで思い出すのが、協同組合のことで、協同組合というと、協同しなければ自立できない経済的弱者が協同するものだと考えられていますが、必ずしもそれだけではないと思うんですね。経済学者でオーエン研究家の白井厚さんが言っていたことですが、「協同組合は私益を渇望する経済的弱者の結合ではなく、道徳的強者の結合であるべきだ」ということです。経済的弱者が結合するのに、私的利益を求めて結合するのではなく、道徳的強者として結合するべきだ、それが協同組合だ、というわけです。それは、いまおっしゃった「正義と尊厳を唯一の拠り所として生きる」構えと共通するように思うんですね。その意味では、日本の協同組合、生協も、キューバ人の生きる構えから学ばなくてはならないんじゃないでしょうかね。

栃原　キューバでは、弱さではなく強さである貧しさ、それが豊かさを生み出しているんでしょうね。それに対して、日本では、強さではなくて弱さである豊かさが貧しさを生み出しているのかもしれないですね。

【むしろ日本が危ない】

樋口　それから、「勇気とプライド」ということで言えば、俺たちと対立してきた保守の政治家でも、かつての日本の政治家には「勇気とプライド」があったよ。三木武吉（日本自由党の指導者で、一九五五年の保守合同の立役者）なんか、敵ながらあっぱれだった。「保守の大義」を真っ正面に立てて、魑魅魍魎の保守世界を一本にまとめたんだからな。風貌も凄みがあったし、何よりも私心がなく捨て身だったよ。戦後の政治家でも、そのくらいのやつはいたんだ。でも、いまは、日本の最高レベルの指導者だって、カストロなんかと比べてはかわいそうだが（笑い）、キューバの中堅の連中と比べても、まるで格が違うよ。それは、キューバと違って、日本じゃ国民が全体として生きることに一所懸命になっていないからかもしれないがね。

ハバナの警察官。治安の良さは東京以上

大窪　だけど、僕は、日本の若い連中も、かつてのような形でそれを表すことはできないでいるけれど、一所懸命に生きようとしていると思うんですけどね。それなのに、高度経済成長の成功の中で形成されてきた官庁や大企業の部長・課長クラスまでを含めたエスタブリッシュメントが、一方で自分のかつての一所懸命さを失いながら、その抜け殻だけを護持しようとしているものだから、若い諸君の隠れた一所懸命さを理解できないで、抜け殻の一所懸命さで説教しようとしている。だからダメなんだ、と思いますけどね。

山本　キューバでは、中間的な層の知的水準が、日本よりはるかに高いと思いますね。中間的な層というのは、私たちが接した政府機関や民間団体の部長とか現場の指導者とかいうクラスの人間ですね。ほかのクラスもそうなのかもしれないけれど、少なくとも、そういう人たちの知的水準は、日本よりはるかに高いと実感しました。

知的といっても、知識ではなくて、知恵の問題ですね。アメリカはどうだとか、EUはどうだとか、そういうことをベラベラしゃべりまくる知性じゃなくて、自分が何をすべきなのか、何をしなければならないのか、ということに向けて知識を編成できる知的水準ということでは、キューバの役人やビジネスマンのほうがはるかに高い。知性という点では、日本よりキューバのほうが、はっきりいって豊かだと思います。

知識という点でも、キューバがかつての社会主義諸国のように情報閉鎖されていると思ったら大間違いで、彼らは田舎でもBS放送でアメリカのテレビを見ていますし、ヴィデオで欧米の映画を見ています。親類はフロリダにいて、しょっちゅう連絡はあるし、アメリカの状況なんて、よく知っています。私も話をしていて驚いたんですが、『スターウォーズ』はもちろん、

『マトリックス』だってなんだって、話題になります。彼らは、ちゃんと情報をもっていて、それに基づいて選択しているんですよ。

そういうことを考えれば、経済封鎖・金融封鎖・通商封鎖が解かれて、世界の舞台に登場できれば、先進国の水準にすぐに伍して行動することができるし、たちまち国際化できると思うんです。それは、私、感覚的にですが確信できますね。しかも、それは日本のビジネスマンが言うグローバリゼーションにのっかる意味での国際化ではなくて、ちゃんと自立していくことができる国際化だと思うんです。

大窪　そういえば、僕らといっしょにキューバに行って以来、三次の訪問団にすべて参加しているBM技術協会常任理事の椎名盛男さんも、キューバの人的資源、知的潜在能力はきわめて高い、と驚いていました。それを特に、さきほども話題になった有機農業への転換の実態を見る中から、実感したというんですね。そして、知的潜在能力は日本のほうがはるかに低い、と言い切っているんですね。それは、山本さんがいまおっしゃった、実践的に知識を編成できる知的水準のことを言っているのだと思います。

そして、日本は食糧とエネルギーの海外依存率が高いという点で、ソ連崩壊以前のキューバによく似ているけれど、もし日本で一九九一年のキューバのような事態が起こったら、この知的潜在能力では、まったく対応できないだろう、ひとたまりもないだろう、と椎名さんは言うんですね。その意味では、キューバより、日本のほうがよっぽど危うい。あのものすごい危機を国を挙げて乗り切ることができたキューバは、今後、どんなことがあっても対応できるだろう。それだけの潜在力をもっていることが実証された。けれど、このままでは、日本はもっと小さな危機でも、たちまち大混乱に陥るだろう、というわけです。そうかもしれない、という気がします。

樋口　いまの日本じゃ、危機管理ができないのは、政府だけじゃないからね。危機に対応する底力を失っているんだね。だけど、俺が若いころには、日本人もこんなやわじゃなかったんだけどね（笑い）。

【「呪われた勤勉さ」ではなく】

大窪　日本人はやわになったということは日本でもいわれていまして、特に若者が槍玉に上がっていますよね。だけど、ほんとにそうなのかな。さっきもいったように、日本の若者も一所懸命生きようとしていると思うんですね。むしろ、僕らの世代、四〇代、五〇代に大きな問題がありはしないかと思うんです。さっき、濱口さんが、若者はいまのキューバに貧しさを感じないんじゃないかっておっしゃいましたよね。

濱口　そうです。私たちの世代ですと、キューバ人は貧しいのに明るくがんばってて、えらいな、という感想が先に来るでしょ。だけど、若い人たちは、そうではなくて、キューバ人の明るさにそのまま共感して、これは豊かな生き方だって感じていると思うんですよ。キューバに行ってキューバ・ファンになった若い人たちって、みんなそうだと思うんですね。「貧しいのに……」っていう感覚はないですよ。

樋口　それは俺も感じたな。ピースボートで行ったとき、世界一二三カ国をまわったんだが、どこの国がよかったかというアンケートをとると、キューバがベスト三に入っているんだな。さっきも言ったように、モノなんかなんにもないし、ひどい状態なんだよ。だけど、とってもよかったっていうんだな。何がよかったかというと、あの明るい生き方がよかった、新鮮だったっていうんだな。キューバ人はかわいそうという同情や、なのにえらいという感想じゃないんだな。俺は、こういう感じ方のほうが、同情に基づく尊敬より健全だと思ったな。

栃原　キューバ人が、困難な状態なのに、明るくのんびり生きているのは、やっぱり生活の最低保障があるからだと思うんですよ。それがあるから、こせこせと上をめざさなければ、いま・ここを楽しんで生きていくことができるわけですよね。

樋口　そりゃ、そうだろうな。食うものも寝る家もないのに明るくのんびりってわけにはいかないだろうからな。

大窪　最低条件っていう点ではそうだと思いますよ。だけど、もっといいものを食いたい、もっといい服を着たい、もっと楽をしたいっていうことは、だれだって思っていますよ。だけど、そういうものを得るために、いま・ここでの楽しみを犠牲にしてあくせくするのはつまらない、この条件の中で生きることを楽しみつくして生活しようじゃないか、という気持ちが強いんだと思いますね。

それに対して、これまでの日本人には、いま・ここでの楽しみを犠牲にしても、将来の安楽のために勤勉に働こうという気持ちのほうが優先していたんじゃないかと思うんですね。これは、いちがいに悪いとは言えない。勤勉自体が悪であるとは言えませんよね。けれど、生き方をこれで覆っていったら、ずいぶんとおかしいことになると思うんですね。そういうふうに将来の身の安全、快適な生活のために現在を犠牲にして勤勉に働くやりかたで生き方を覆ってしまう考えを、ニーチェは「保険の思想」と呼んで、「君たちの勤勉は呪いであり、自分自身を忘れようとする意志なのである」と言っています（『ツァラトゥストラはこう語った』）。

こういう「呪いにかかった勤勉」から出てくるのは、自己目的化された上昇志向、具体的なものではなくてわけのわからないものにいつも追い立てられているような焦燥、それらによって富を獲得すればするほどますます貧しくなっていく姿だと思うんですね。

でも、日本にも、そういう「保険の思想」、「呪われた勤勉」から脱却した、というか、もともとそういうものにとらわれていない若者がかなり大量に生まれはじめていると思うんですね。キューバ人は豊かだ、とストレートにとらえられる若者たちは、それなんじゃないでしょうかね。それに対して、こういう傾向を「刹那主義」とか「享楽主義」とかとしてしかとらえられない人たちが、若者はダメになったと言っているんじゃないでしょうか。私は日本の若者は万々歳なんて思っているわけではないですけれど、こういう傾向自体は、むしろプラスだと思うんですね。「呪われた勤勉社会」「富を獲得するほど貧しくなっていく社会」ではない社会の基礎イメージの出発点が、むしろそこにはあるんじゃないか、という気がするんですよ。

濱口　私はキューバ人は怠け者じゃなくて、けっこう真面目に働いている、とさっき言いましたけれど、その勤勉さは、日本人の勤勉さとは違う感じがしていました。それは、きっと「呪われた勤勉さ」じゃなかったからなんでしょうね。

【キューバ人から見た日本人】

樋口　その一方で、キューバ人はみんな「日本人は勤勉だからえらい」って言うんだな。

大窪　そうですね。ラテンアメリカでは、日本人というと、判で押したようにaplicado（勤勉な）という形容詞で呼びますね。勤勉さがえらく尊敬されている。よっぽど自分たちが怠け者だと思っているんでしょうかね。それからinteligente（頭がいい）ともよく言われますが、これには英語のsmatとおんなじように、「ずる賢い」という意味がこめられている場合がある（笑い）と教えてくれた人がいましたけど。

濱口　全体としてキューバ人は大変に親日的だという印象を受けましたけどね。

大窪　おそらくラテンアメリカでは最も親日的かもしれませんね。

樋口　日本はキューバに一つも悪いことをしなかった、いいことばっかりしてくれたと言うんだな。こっちは、そうかなあ（笑い）、とちょっと面映ゆいんだけどな。

濱口　キューバ共産党中央委員会国際部のイルダ・バサロさんは、私たちと会見したとき、「キューバは日本と同じ島国です。日本は敗戦後、破壊の中から見事に経済大国に立ち直ったのは素晴らしいことで、私たちはそれから学びたい」と言っていましたが、それは単なる社交辞令ではないように聞こえましたね。それから、田中大使の話では、ハリケーン被害に対して日本が米二五トンを無償援助したときにも、カストロは、「この米は、日本からの援助だと各配給所に表示して、六歳以下の幼児と六〇歳以上の老人に配る」と約束して、そのとおりにしたそうです。

大窪　有機農業の理念とも関係していて、ちょっとおもしろいと思ったのは、キューバの医療技術者の中で「日本的鍼灸」の導入が進んでいるそうですね。日本キューバ科学技術交流委員会の訪問団に参加した儀我壮一郎さんが、「キューバの保健と医療」という報告で、キューバでの「日本的鍼灸」の実践について書いていています（『国民医療研究所ニューズレター』第九一号）。これなんかも、「日本的なもの」へのキューバの着目点の一つとして注目されるんじゃないでしょうかね。

樋口　それから、田中大使は、日系移民の、特に明治生まれの古き良き日本人が、キューバでは尊敬されていて、彼らを通じて日本人はいいイメージをもたれているんだと言っていたな。

山本　私たちは、オルガ・オオエさんという日系二世の農業者を訪ねましたが、オルガさんのお父さんは、新潟県出身のキューバ移民で、キューバで農業技術を普及するのに貢献した人として、尊敬されているということを聞きました。農業技術や園芸技術、造園技術では、日系一世がずいぶんキューバに貢献したようですね。

大窪　倉部きよたかさんという人が書いた『峠の文化史』（PMC出版）という本があります。この本には「キューバの日本人」という副題がついていて、資料を詳しく調べたうえで、キューバ現地でインタビューをはじめとする取材を相当やって書かれた、貴重な「日本人キューバ移民史」なんですね。

それを読みますと、初期の日本人キューバ移民は、メキシコに移民したのだけれどうまくいかなくてキューバに流れてきた人たちが多いようです。日本の最初のキューバ移民は、一八九八年（明治三一年）のことで、私たち第一次訪問団が行った一九九八年が「日本人移民一〇〇周年」の記念の年で、記念行事が行なわれましたが、特にキューバ移民が増えるのは、日露戦争後のことで、当時の移民の多くは、日露戦争後の農村疲弊、自作農の転落などによって余儀なくされた出稼ぎ人だったようです。

日本の植民会社やメキシコ現地の雇い主にだまされたり、酷使されたりしながら、キューバに流れてきた移民たちは大変な苦労をしています。その中で、農事組合、産業組合や日本人自治会をつくったりしながら、キューバの人たちと親密な関係を結んでいるんですね。中には自由民権運動家でラテンアメリカに流れてきた人もいたそうです。

第二次大戦のときには、キューバが経済の中枢をアメリカ合衆国に握られていた関係で、日系人はハバナの地下監獄やイスラ・デ・ピノスの収容所に収容されますが、キューバでは「アメリカでのようなヒステリックな差別感情は見られない」ことが特徴だったと倉部さんは書いています。キューバ革命のときには、七月二六日運動に加わった日系二世もいましたし、バティスタの公安警察の「地下狩り」で追い回された日系一世もいました。それから、伊高浩明さんの『キューバ変貌』に出てきますが、現在のキューバ日系人会会長のフランシスコ・ミヤサカ（宮坂慎二）さんは、学生時代、バティスタ政権下のハバナで革命派のビラをまいたり、学生民兵に加わってカストロといっしょにシエラマエストラのトゥルキノ岳に登ったりした、と語っていますよ。

農業者のほかに、農業労働者から理髪師、造園家に転身して成功した人が目立つようです。苦労を重ねながら、キューバ社会に定着して、勤勉さと技術の高さでキューバ人に一目置かれるようになった、こういう人たちの存在が、今日のキューバ人の日本人観の基礎になっているのだろうと思われます。最後に、倉部さんは、「少数者であるかれらがキューバ社会の中で生きることができたのは、少なくともかれらの周囲に国の違いを意識しない多くの人間がいたからであり」、「かれらは、キューバでは『移民』を越え、『国』に縛られない『人間』として生きていたことになる」と言っています。大事な指摘だと思いますね。

山本　さっき話に出た農業大学校の同窓生がオルガ・オオエさんたちを日本に招いて、各地の有機農業を見てもらい、交流したんですが、オルガさんは、日本の農業試験場に行っても、農薬を使っているのをバンバン批判したし、有機農業農家では、そこで実践されている技術を熱心に調べて、質問していたそうです。非常に主体的なんですね。外国に行っても、まず違いを考えたり、溶け込むまで遠慮したり、というのではなくて、同じ農業者として、同一レベルに立って、学ぶべきものを学び、批判すべきものを批判しているわけですよ。そういう姿勢が大事だと思うんですね。

いままで、キューバ社会と日本社会のいろいろな違い、日本が学ぶべき点、キューバに望みたい点が出されましたけれど、いま言われたことばを使えば、「国」に縛られない「人間」として、まず同じレベルでつきあっていく、そういう交流の中からこそ、学ぶべきものも学べるんじゃないかという気がしましたね。私たちが進めようとしている生活者の国際交流も、そういうものにならなければならないんじゃないでしょうか。

協同社会の可能性

【スウェーデン・モデルとキューバ・モデル】

大窪　これまでのお話の中で、キューバが築いてきた、あるいはこれから築こうとしている社会と、協同組合が築こうとしている社会との共通性がいくつか指摘されていましたが、キューバ社会と日本社会といういまのお話を発展させて、そのへんの新しい社会のイメージを少し探ってみたいと思います。栃原さんは、「個体的所有を前提にした協同所有の社会」とか「市場原理に協同組合原理を導入した社会」とかいうことをおっしゃっていましたが、そのイメージをもう少し語っていただけませんか。

栃原　キューバ社会というのは、生活の最低必要条件を国家が国民みんなに保障しようという社会であったわけですね。これをキューバの場合は、社会主義を通じて実現してきた。けれど、資本主義でも、これを追求してきた国家はあったわけで、それが福祉国家と呼ばれていたわけです。そして、両方とも行き詰まってきた。その結果、社会主義国では市場原理を導入する方向で、資本主義諸国では新自由主義の方向で、いずれも「市場」を位置づけなおすことで、行き詰まりからの脱却を図っていったわけです。ところが、もともと市場原理にまかせるだけでは、生活の最低必要条件の保障ができないからこそ、社会主義の試みも福祉国家の試みも起こってきたわけで、それをただ市場原理にもどるというだけでは、元の木阿弥にしかならないと思うんですね。

　確かに、国家が、これまでのような形でそれを保障するということは、できなくなっているのかもしれません。けれど、単に国家レベルで考えるのではなくて、社会レベルで考えて、そういうものが保障されるような社会システムをつくって、それを国家システムが裏づけていくということが考えられていいのではないかと思うんですよ。そして、そういう社会システムをつくるうえでは、協同組合の原理というものが、万能ではないけれど、有効なのではないかと思うわけですね。

　これまでの社会主義は、全人民的所有、具体的な内容としては国家的所有ということで、生産手段を国家が所有することによって、平等な分配を保障しようとしてきたわけですね。もう一つ、協同組合的所有も、

これと並んで行なわれてきましたけれども、これは主にすぐに国家的所有には移れないような農業部門に適用されてきたもので、国家的所有より一段低い段階、国家的所有の方向に発展させられていくべき所有形態として位置づけられていたんですね。だから、例えば、旧ソ連では、農業部門でも、ソフホーズと呼ばれる国営農場と、コルホーズと呼ばれる集団農場があって、前者は国家的所有、後者は協同組合的所有でしたが、実際には後者も国家に統制された中央集権的なもので、自主的な協同組合とはいえないものでした。そして、社会主義体制の強化にともなって、その傾向が強められていったわけです。

一方で、資本主義の福祉国家の中で、いちばん成果を上げたのは、スウェーデン、ノルウェーといった北欧諸国だったと思いますが、これらの国々では、協同組合を積極的に位置づけて、一種の協同組合国家の方向を取ったのが特徴的でした。しかし、これらの国の協同組合は、積極的な役割を果たしながらも、だんだんと大規模化していくにつれて、企業化の傾向を強めていったわけです。社会主義における協同組合が国家機関化していったのに対して、資本主義における協同組合は民間企業化していったわけですね。ヨーロッパの協同組合では、株式会社化して協同組合ではなくなる大生協も出てきたわけです。北欧では必ずしもそういうふうにはならなかったけれど、やっぱり企業化の傾向が出てきた。

ところが、こうした中で、スウェーデンなどでは、こうした傾向を反省して、民間企業的なものではなく、協同組合の原点である自助や相互扶助にもどって、そこから協同組合を建て直していこうという動きが起こっています。そして、そこから「基礎所得を全国民にあたえる」というふうな、社会主義の崩壊と市場原理万能主義の現在では夢みたいな構想を、あらためて追求しようという提案も出てきているわけです。

一方で、旧社会主義国が雪崩を打って、市場経済の全面的な導入の方向に行って、「生活の最低必要条件の保障」なんか捨て去って、見向きもしなくなっているような状況の下で、キューバでは、それを捨て去らずに、むしろなんとか守ろうとして、一所懸命に努力しているわけです。けれど、それは協同組合原理の導入という方向を通じて行なわれているわけではありません。しかし、その努力においては、ある意味では現在のスウェーデンなどより徹底していて、国家の政策的優先順序からいったら、この点を最も追求しているわけです。夢を捨てずに追い求めているわけですよ。

さっきも言ったように、資本主義国においても、社会主義国においても、かつてのような方式では「生活の最低必要条件の保障」はできなくなっているのでしょう。それをなんとか保障しようとしたら、どちらからも、いわば「新しい福祉国家」の構想が追求されなければならなくなっているのだと思います。その新しい構想において、資本主義における「スウェーデン・モデル」、社会主義における「キューバ・モデル」ともいうべきものが、もし想定できるなら、それは協同組合原理の原点にもどって、それを市場原理と接続するという点において、反対側からではあるけれど、共通する課題をもちうるものになるのではないか、という気がしているんですね。

樋口　その点ではね、スウェーデンの協同組合研究所の所長のベークが、一九九二年のICA（国際協同組合同盟）東京大会で、ソ連、東欧も単純に市場経済化するんじゃなくて、協同組合方式を導入すべきだ、と言っていたな。そういう勧告というか、助言を行なっていた。

大窪　事実、当時のソ連では、一九九〇年ころから、市場経済の導入の中で、製造業や商業の分野でも、協同組合の方式を採るコーペラチフ企業が重視されて、そういうコーペラチフ企業が次々と興されていく現象がありましたけれど、それは、実態は小資本で市場に出ていって儲けようという、資本主義的企業と変わりのないもので、その代替形態みたいなもんだったですよね。そういうものが現在のキューバに導入されても、意味がないと思いますね。

それから、旧ソ連にはかなり大きな消費組合、つまり消費の面での協同組合がありましたけれど、これもコルホーズ同様、国家的所有を補完するための中央集権的なものでした。一九九一年にソ連崩壊直前の時点で、その消費組合の中でも、当時の急進改革派が主導していたレニングラード市生協（のちのサンクトペテルブルク）の理事長が日本の生協の視察に来日したことがあって、そのときにインタビューしました。

レニングラード市は「民主ロシア」などの急進改革派の拠点で、理事長は開明的な改革派だと聞いていましたので、「日本の生協の組合員主権のありかたについてどう思ったか」「旧社会主義の集権的な生産と分配を、協同組合が下から分権化することを考えていないか」などと質問したんですが、はかばかしい答えが返ってこない。真意が伝わっていないのかと思って、いろいろ質問のしかたを変えてみたんですが、ダメ。首をひねっていたら、ロシアの事情に精通しているベテランの日本人女性通訳が、たまりかねたように、「そんなことを聞いてもむだよ。彼らには、そんな問題意識は全然ないから」と言うんですね。

果ては、当時、ロシアは、キューバ同様かなり深刻な生活物資の不足が現れていて、物不足パニックが起こって、レニングラードでは餓死者も出ているという報道が日本ではあったので、「生活物資不足の中で、消費組合は公正な分配のためにどういう役割を果たしているのか」と聞いたら、いきなり気色ばんで、「我々は物資を隠匿して儲けているようなことは絶対にしていない」と怒りだしたんで、驚きました。私はそんなことはまったく知らなかったんですが、事実はともかく、現地では、そういう噂が市民の中にあったらしいんですね。協同組合というのは、公正な分配のために働くことを期待されるものどころか、そんなふうに見られるものだったんですね。

そのとき感じたのは、社会主義国では、「協同組合」というものの実態がまったく違っていたために、その存在理由、あるいは理念自体が、日本の我々が理解しているような形では理解されていないんだ、ということですね。それまでの経験でつくられてきたイメージがあって、それを崩すのは容易なことではないのではないか。これは、社会主義国だけではなくて、例えばインドネシアの田舎に長くいた友人と話していたら、「おまえ、あそこで地域開発を真剣に考えているやつに、『協同組合』なんて言ったら、それが悪の根源だ、と言われかねないぞ」と言われました。

スウェーデン・モデルとキューバ・モデルの相互検討といっても、また日本の生協のキューバへの働きかけにしても、前提として、まずそのへんを埋めないとダメなんじゃないですか。

山本　それはキューバでも、さすがにロシアのようなことはないと思いますが、ある程度は感じましたね。「協同組合」とか「株式会社」とか「物流」とか言っても、どうも概念が違うようで、うまく伝わっていない感じがしました。そういうところから溝を埋めて、共通理解をつくっていかなければならないんでしょうね。

栃原　それはもちろん、日本が進んでいる、キューバやなんかは遅れている、という問題ではないんで、私たちとしては、そこのところを勘違いしてはいけないと思いますけれどね。それから、キューバ・モデルの検討を通じて、日本社会の今後の方向を同時に考えていくことが必要だと思ってますけれどね。

【「共に探し求める」競争】

大窪　栃原さんは「市場原理に協同組合原理を導入した社会」とおっしゃいますが、そのとき、おそらく重要な問題になるのは、平等と自由の問題、あるいは協同と効率の問題だと思うんですね。

　そこで一つ問題になるのが「競争」ということで、自由と効率を唱える人たちは概して無条件に競争を主張するのに対して、平等と協同を唱える人たちは概して競争を否定する、というある意味では不毛な対立があると思うんですよ。その中で、一般の人たちは、行きすぎた競争はよくないけれど、競争を抑えつけるのもよくない、ととまどっていると思うんですね。

　だけど、もちろん平等がなければ競争は成り立たないわけだし、協同と競争というのも両立すると思うんです。そのへんを明らかにすることは、キューバ社会をどうするという問題だけじゃなくて、日本社会をどうするという問題にとっても、大事なんじゃないでしょうか。

　実質的な機会の平等がなければ、競争は成り立たないわけですよね。身分や階級の障壁が厳然として

肌の色の異なるこどもたちが、仲良く遊ぶ

あるところでは、競争なんていっても、限られたものになってしまう。戦後の日本社会には、その実質的な平等がかなりあった。だから、廃虚から立ち直る活力も生まれたんだと思うんですね。ところが、実質的な機会の平等を再生産する努力をしないでいると、階層秩序が形成されてきてしまって、次第に強固になった階層秩序の下では、機会の不平等が構造的に生じてくることになる。日本では、一九七五年ころから、そういう傾向が次第に顕著になってきました。そうすると、この構造の中でのしあがるには、強烈な突破力が必要になってくる。そういう突破力が活力の源泉になってくる。だから、いま日本で「平等はいけない。競争だ」といっているのは、実は広範な競争の再生ではなくて、そういう強烈な突破力の養成のためなんだと思うんですね。

それに対して、それでは、社会主義諸国には実質的な機会の平等があったか。ソ連・東欧や中国にはなかったですよ。ノーメンクラトゥーラや特権秩序が社会の下の方までしみわたっていたわけですからね。社会主義は平等だから活力がなかったのではなく、特権社会だったから活力がなかったのだと思います。キューバにはそういうノーメンクラトゥーラや特権秩序がなかった。そのうえ、最低限の生活水準の保障があった。だから、実質的な機会の平等があったと思うんですね。しかし、文化的には一元化されていなかったけれども、経済的には、また政治的には、基本的に一元化された社会だったから、その面では、多様なイニシアティブが生まれて、それらが自由に競い合うというふうには必ずしもなっていなかった。そこが、いま市場原理の導入の中で問題になってきているわけですね。

樋口　そこで問題なのはな、競争一般がいいとか悪いとかじゃなくて、競争があるべきところと、むしろ自覚的にみんなで競争を抑圧しなければならないところがあるっていうことだよ。市場を舞台に企業が競争することはいいことだ。市場っていうもんは、そうであってこそ機能を発揮するものだからな。だから、市場経済の中では競争がなくてはならない。独占禁止法の理念はそこだよ。だけどな、一人一人では弱い立場にある個々の労働者が、結合していて強い立場にある資本に対して自分の労働力を売る場合には、個々の労働者が競争していては共倒れになる。だから、労働組合に結集して、労働者間競争をみずから抑制しなければ、自分自身の生活も守れないわけだよ。

山本　それは消費者も同じで、商業資本が支配する市場流通の中で、個々の消費者がバラバラに対応していたのでは、価格の面でも品質の面でも、自分が求めているものがえられないで、いいなりにされていってしまう。だから、消費者の協同組合に結集して、協同の力で対抗しようとしてきたわけですよね。

大窪　それはそうだと思いますが、例えば労働者間競争を抑制するのは、「やつらの世界」つまり資本の世界に、「われらの世界」つまり労働の世界が対抗するかぎりのことであって、「われらの世界」だって、基本的に私の利益に立脚して、個々の労働者が多様なイニシアティブを発揮する場でなければならないと思うんですよね。

その点では、私は法哲学者の井上達夫さんたちが『共生への冒険』（毎日新聞社）で言っている「競争にも二つある」という考え方に賛成なんです。彼らが言うには、一つはエミュレーション（emulation）としての競争で、これは「まねをする」という意味の言葉からきているもので、その都度あたえられた目標や範型にむかって、「右にならえ」「遅れをとるな」「追いつき追い越せ」とがんばっていく競争だというんですね。それに対して、もう一つ、コンペティション（competition）としての競争というものが考えられるべきだと彼らは言います。これは、あらかじめあたえられた目標や範型《はんけい》の達成に向かって競い合うのではなくて、そもそも目標や範型自体を「共に（com）探し求める（petere）」営みだというんですね。

私たちは、競争一般を否定したり抑制したりするというんじゃなくて、ルネ・ジラールが「模倣の欲望」といっている「まねをする競争」を否定して、何のために、何をめざして、みんなで励みあうのか、ということを共に探し求めながら、みんなで励む、という形の競争を、むしろ積極的に組織していくべきなのではないか、と思います。

山本　それは協同組合の運営原理にも合致するものでしてね。生協では、価格が安ければ品質はどうでもいいわけではなくて、品質がよければ価格が高くてもいいわけではない。価格が安くて品質がよければ、発展途上国の生産者を犠牲にしたものでもいいのか。発展途上国の生産者の利益になっても、日本の農業を破壊するようなものであっていいのか。どういう商品を供給すべきかという問題をめぐっても、目標そのものが多様に考えられるし、それがあらかじめあたえられているということはないし、やっているうちに目標が変わらなければならないことだってあるわけです。それを組合員の参加型民主主義を通じて、「共に探し求める」のが競争だというなら、それは私たちがやっていることです。それが、さっき言った私たちの考えている「価値創造」の過程だと思うんですね。

それから、生産者に対しても、消費者の要求はこういうことだ、だからこれをこの価格で作れ、というのではできないわけで、生産者の要求も出してもらいながら、消費者の要求を修正することだって必要なわけです。そこにも、消費者と生産者が協同で行なう「共に探し求める」作業がありますよね。それから、そういう要求に対しては、生産者としての私は、こういうやりかたでこう応えたい、いや、私のところでは、こういうやりかたでこう応える、というふうに、生産者も「共に探し求める」競争をやっていますよ。

大窪　そうだと思うんですね。そして、そのときに、「市場原理に協同組合原理を導入する」ということも、市場原理というのは「必要悪」で、それに「よいもの」である協同組合原理を接ぎ木していくというのではなくて、市場での競争そのものも、「利潤」というあらかじめあたえられた目標に向かって「右にならえ」「遅れをとるな」と自動的に動いていくものではなくて、目標や範型そのものを多様にして、探求や実験が行なわれるものに変えていく、ということになっていかなければならないんじゃないか、そういうふうに少なくとも過程的にはしていかなければならないんじゃないか、と思うんですよ。それでこそ、「市場原理に協同組合原理を導入する」ということになるんだと思うんです。

それは、実は、日本の企業経営者の一部も認めはじめてきていることなんですね。経済同友会は一年以上かけて論議して「二一世紀宣言」をまとめたんだそうですが、その論議の中で、大きく二つの主張が対立したといいます。

一つは、「市場メカニズムのさらなる進展」派で、「結果平等主義」や「説明責任の欠如」の温床になっている日本的システムをもっと崩すために市場メカニズムをさらに大きく導入していくべきだという。これが主流でしょうね。ところが、これに対して、「社会性の追求」派が無視できない勢力で対抗したらしいんです。彼らは「市場の失敗」が明らかになってきている面があるうえ、地球環境問題など市場メカニズムでは解決できない問題が深刻になってきているし、バイオテクノロジーなどをめぐって技術を使ううえでの倫理観が問題になる時代になっているのだから、市場メカニズム自体が「社会性」を含むものにしていかなければならないというわけです。

そして、結論的には、価格・品質だけでなく、そうした社会性を含めた総合点で企業が評価されるような市場を構築していこう、「市場自体を経済性だけでなく、社会性も評価基準になる市場へ進化させる」というところに落ち着いたっていうんですね（『毎日新聞』二〇〇〇年一一月二二日「経済観測」欄）。どこまで本気でやれるのか、ということは別にしても、そういう動きが出ていることは注目されると思います。

【Small is beautiful.からSlow is beautiful.へ】

濱口　だけど、さっき山本君が言ったような作業は、非常に手間がかかるんですね。だから、生協はいつも「決定が遅い」といわれる。そして、市場自体は、まだ「右にならえ」の競争で単純な目標に向けて迅速に動いているわけですから、これと対抗することが必要な局面では、生協も、だんだん手間のかかることを省いて、「まねをする」競争に巻き込まれていきがちなんですね。

大窪　そこに、さっきちょっと言った「協同と効率」という問題があると思うんです。確かに、目標や範型自体を共に探し求めていく参加型民主主義のやりかたは、手間がかかる。非効率的なもののように見えますよね。だけど、ほんとに非効率的なのだろうか。それについて考えさせられたのは、一九九五年の阪神・淡路大震災のさいの生協の危機対応を取材したときでした。

あの大震災のとき、神戸の大きな組織や機関の多くが、うまく対応できなかったんですね。対応できなかったのは、「部長はまだか」「上の指示は来てないのか」と走り回るばかりで、その場にいる集団で方針を決めて動くことができなかった組織でした。それに対して、例えばコープこうべのコープミニというコンビニ規模の小型店では、その店舗のただ一人の正規職員である店長がかけつけることができなくても、近所に住む組合員であるパートタイマーたちがかけつけて、彼女たちだけで店舗を開き、手持ちの商品をただちに救援物資として組合員に供給しはじめたところが目立ちました。それはマニュアルに基づいた行動ではなくて、とっさに集まって相談してとった行動だったんですね。それから、隣近所の組合員相互の助け合いも、だれにいわれるまでもなく、すぐ始まり広がりました。これらは同時多発的に随所に、しかも迅速に起こった動きなんです。

なぜ、そういうことができたのか。それは、やっぱり、日常から参加型民主主義というある意味では迂遠《うえん》な合意形成を積み重ねることによってできていた組合員組織の組織文化が基礎にあったからだと思うんですね。参加型民主主義の合意形成は、濱口さんがおっしゃったように、手間がかかります。何度も摩擦や衝突を起こしたり後戻りしたり、もたもたとした調整を積み重ねながら、合意をつくっていきます。合意形成としては効率的ではない。ところが、ネットワーキング論を書いている金子郁容さんによると、こうしたのろのろとした過程を経ていくうちに、その組織と人との関係、その組織の中での人と人との関係は質的に変わっていくというんですね。そして、あるところで「ジャンプ」が起こって、それが起こってからは、もたもたとしているように見えたネットワークに「生物における反射神経のような敏捷性が生まれる」というんですね（『ネットワーキングへの招待』中公新書）。そうすると、その組織は、実に敏捷に動く。マニュアルがなくても、予測外の事態が起こっても、それに機敏に対応できるんです。

のろのろ、もたもたしていたように見えた組織が、すばやく、生き生きと動くんです。非効率的に見えたものが、最も効率的になる。それを大震災という危機にさいして如実に示したのが、神戸の生協組合員組織だったと思うんですよ。

樋口　それは、キューバでもそうだったと思うな。急激に起こった経済危機に対して、あれだけ迅速に有機農業への転換ができたのは、指導部のすばやい方針提起があったとしても、それだけじゃできないよ。やっぱり、下部、現場に、そういう組織文化があったからだろうな。

大窪　キューバの組織の敏捷性には、また別の要因もあるように思いますけれどね。

栃原　でも、利潤とかモノとかによる結びつきではなくて、人と人との信頼関係で結びついているという点が、キューバの組織に感じられました。それから、家族とか地域とかでの人と人との結びつきが非常に強い。そういう基盤がキューバにはあると思ったんですね。

大窪　なるほどね。キューバのことはちょっとおいて、協同組合の組織原理は、けっして非効率的ではない。何が起こるかわからないような状況の下では、むしろ、こっちのほうがずっと効率的だと思うんですよ。

かつては、大きいことはいいことだ、中央集権的な巨大組織のほうが効率的だと思われていました。これに対して、シューマッハが「スモール・イズ・ビューティフル」といって、小さいほうがいいんだ、分散化した分権的な小組織の連合のほうが効率的だと主張して、これが、いまや企業文化においても時代の流れになっていますよね。それに加えて、私は「スロー・イズ・ビューティフル」ということもいえるんじゃないかと思うんですね。
速いことはいいことだ、目標があらかじめ明確で、従うべき範型もあって、それらに基づいて迅速に決定がなされていく「速い」組織が効率的だ、という時代は終わりつつあるんじゃないか。むしろ、目標と範型自体を共に探し求めながら、摩擦と衝突を経験する中で、人と人との関係を質的に変化させていく、そういう「遅い」組織のほうが有効な時代になっているんじゃないかと思うんですけれどね。
栃原　営利組織に対して、非営利組織、NGOやNPOがクローズアップされてきているのも、それがスモールな組織だからというだけではなくて、スローな組織、つまり営利組織のような利潤という単純明快な、あらかじめ定まっている目標に向けて動いていくんじゃなくて、目標自体を模索しながら、一見のろのろと動いていく組織こそが求められているからなのかもしれないですね。スモールでスローな組織、小さくてのろい組織というのは、協同社会を構成する組織の一つのイメージなのかもしれないですね。
大窪　ついこの前までは、「左翼」か「右翼」か、という分け方が全盛でしたよね。これは政治的な分類であり、空間的な比喩を使っていますね。それに対して、これからは、政治的ではなくて社会的な分類、それから空間的な比喩ではなくて時間的な比喩が大きな意味をもってくるんじゃないでしょうか。つまり「速成」派と「熟成」派、「高速生活」派と「低速生活」派、というようにですね。いま言ったような合意形成における問題だけではなくて、さらに広く物事の社会的な取り扱いのしかた、生活様式の上での価値観などで、そういう対立が次第に顕著になっていくように思うんですけれどね。

【「未来の仕事」と協同社会】

樋口　そこでな、そういう組織は、消費と生活の場では、日本でも生協を中心に進められつつあるんだけど、問題は生産と労働の場だと思うんだな。そこんところが変わらなければ、社会は変わらないんだよ。だけど、生産と労働の場に、「価値創造」の追求とか、一見非効率な組織とかを入れていくというのは、なかなかむずかしいわけで、そんな悠長なことをいっていてはだめだって、はなから拒否されちゃうわけだよな。

大窪　そこでは、やっぱり、労働者の側から働き方、働かされ方を問題にしていく必要があると思うんですね。そして、これは労働者だけではなくて、農業者も自営業者も主婦も、みんな働いているんですから、共通の問題になりますよね。だけど、なんといってもますは賃金労働者の問題です。賃金労働者が賃労働のあり方、ひいては労働そのもののありかたを問い直すことが必要になっているんじゃないでしょうか。そこから、すべての人たちが「働くことの意味」を考える契機も生まれてくる。

だけど、私の経験では、日本の労働組合運動は、あまりにもそういう問題をないがしろにしてきたと思います。そこには、これまでの左右を問わず労働運動指導者、新旧を問わず左翼社会主義者の労働観の問題があったと思うんですが、それはいまはちょっと措いておきましょう。

ともかく、六〇年代後半から七〇年代初めにかけて、地域市民生協という新しい型の生協が生活のありかたを問い直すことから生まれて伸びていったように、労働のありかたを問い直すところから始めないと、労働者生産協同組合も、労働の場からの協同社会への接近も生まれてこないんじゃないでしょうか。

樋口　それは、そのとおりだろうな。

大窪　僕は、かえって、若い世代の中にその芽はあると思うんですよ。さっき濱口さんが、いまの日本の若い人たちはキューバを貧しいと感じないんじゃないだろうか、彼らが求めている豊かさというのは、日本にはなくて、むしろキューバにあるんじゃないか、とおっしゃいましたが、それはいまの問題と関連していると思うんですね。彼らが、日本に豊かさを感じず、キューバに貧しさを感じないのは、手段それ自体に価値をおいていないからだと思うんですね。

手段的価値と即自的価値という分け方があって、自分がやっていることに何かの目的を実現するための手段として価値を見出す、そのときの価値が手段的価値、それに対して、自分がやっていること自体に価値があると感じる、そのときの価値が即自的価値ですね。そして、「幸せ」というのは即自的価値なんですね。アリストテレスが『ニコマコス倫理学』でいっているように、「幸福」とは「常にそのもの自体のゆえに選び、いかなる場合にも他のもののゆえに選ぶことがないもの」ですからね。

一般に社会を指導し運営していく人間にとっては、目的が重要です。それはいいんですが、ですから手段的価値を否定するわけではないんですが、その目的が手段から自立して神聖化されてしまいがちだと思うんです。そうすると、目的は固定化されて祭壇に上げられてしまって、現実的な労働や作業、活動といった場面では、手段をそれ自体に価値があるかのごとく追求する傾向が出てくる。専門エリートがそうですし、革命エリートもそうなんですね。そうすると、そういうエリートに駆使される大衆は、目的を共有しないままに、手段的価値のみに価値を見出して生きるしかなくなっていく。それは、「不幸」な状態なんですね。即自的価値から遠ざけられたまま、「幸せ」を追求するのではなくて、あらかじめあたえられた「幸せ」のための手段を追求していくだけになるからですね。

若者たちは、すっかり支配的になっているそういう関係から本能的に逃れようとしているんだと思います。だから、いま・ここで最大限の楽しさを追求すること、つまりいま・ここでの即自的価値に生きることをよしとしているキューバの人たちに豊かさを感じるんだと思うんですね。

これを労働ということに適用して考えますと、労働は生活資材をえるための手段だ、一所懸命労働すれば暮らしが楽になる、だからつらくても我慢してやろう、というのが手段的価値としての労働のとらえかたです。それに対して、労働は楽しくなくちゃいけない、おもしろく働こう、つらくても楽しくおもしろければいいじゃないか、というのが即自的価値としての労働のとらえかたです。そのとき、楽しさ、おもしろさというのは、狭い意味のもの、単に個人の実感だけに還元されるもんではないでしょうけれどね。

僕は、このあとのほうの、即自的価値として労働をとらえる、そういう労働を実現していこうと考える、そういう方向の中からこそ、労働者生産協同組合や労働者のほうからの協同社会への接近も出てくるんじゃないか、と思うんですよ。

この点では、ずいぶん昔に読んだジェイムズ・ロバートソンの『未来の仕事』（勁草書房）がおもしろかった。ロバートソンは、「未来の仕事」のモデルとして、三つ挙げているんですね。第一は、完全雇用・有給雇用が依然としてキーワードになっている「通常のビジネス」。第二には、仕事は少数の専門エリートによるビッグ・テクノロジーに支えられて、大衆は働かないでただ消費するだけのモデル。第三は、働く者が、自分自身で仕事を組織しコントロールしていくモデル。この三つです。

ロバートソンは、この第三のモデルをSane,Humane,Ecological（健全、人間的、エコロジカル）なモデルと規定していて、そこでは「組織の価値と目標」に代わって「個人と個人間の価値と目標」が、「金銭価値」に代わって「現実の必要と抱負」が、「契約関係」に代わって「互酬関係」が指標になる「自己雇用」（self employment）が原理になる、と言っていますが、私は、これが労働者生産協同組合の仕事の原理になり、協同社会の労働のありかたになるのではないか、と思うんですよ。それから、これはキューバでチェ・ゲバラが唱えた「新しい人間」の労働観とも基本的に重なるように思いますね。

そして、こういう「未来の仕事」の第三モデルへの接近においては、いまの日本においては、社会のあるべき姿を目的論的に追求するよりも、さっき挙げたような若者の感性を重視することのほうがずっといいな、と思うんですけれどね。

【悪循環競争型社会と循環共生型社会】

田中　そういう点から見ますと、有機農業、環境保全型農業における労働というのは、たとえ個人経営ではなくても、いまいわれたような脱集権的な「自己雇用」の労働に近いものになることができると思いますね。したがって、農業をその方向に向けて大転換したキューバには、そういう労働観の基盤があったともいえるし、またキューバが都市住民の農業労働参加を一貫して推進してきたことを考えても、そういう労働を社会に全面的に導入していく可能性をもっているという気もしますね。

そして、その意味では、キューバにおいてと同様に、日本の労働者、都市住民の場合にも、農業労働、特に有機農業のような環境保全型農業に従事する機会をもつことは、自分の労働を考えなおし、働き方を変えていくうえで、意外と大事な契機になるんじゃないでしょうか、と思うんですね。

山本　実は、私たちは、五〇歳過ぎたら農業やろう、という帰農プロジェクトを事業として準備しているんですよ。いま中高年中心に、最近では若い人たちも巻き込んで、「週末農業」が盛んになっているんですね。家庭菜園や市民菜園のレベルではなくて、もっと本格的なレベルの農業を、本業をもちながら余暇にやろうというのが、ちょっとしたブームなんですね。生協組合員の中にも、安くて安全な農産物をという要求と並んで、土にふれてみたい、田舎に住みたい、できれば農業をやりたいという要求はけっこうあるんですよ。

岩垂　だけど、都市にいて考えている農業と、実際にやる農業とではずいぶんちがって、労働は大変だし、収益率が低いわけですよね。日本では、おいそれと新参者が農業で食べていくことはできないんじゃないですか。

山本　もちろん、私たちはそのへんを安易に考えているわけではなくて、提携している有機農業者の組織とも協力しながら、農地取得から技術研修、就農支援まで、共同農場の計画を含めて、きちんとしたシステムを整備して、採算性を含めて帰農を支援していく体制を考えています。まだ具体化まではいっていませんが、始まればおもしろいことになると思っているんですけれどね。

樋口　連合（日本労働組合連合会）で「百万人農民計画」というのをぶちあげようとしたやつがいるんだが、だれからも賛成をえられなかったらしいね（笑い）。労働組合の幹部の価値観は、まだまだ旧態依然たるものなんだな。

田中　環境保全型農業の価値観というのは、循環共生型社会の価値観に発展していくものを含んでいるし、自然環境との共生が、人と人との、社会集団と社会集団との共生の関係をつくる方向に発展していくことは可能だと思うんですよ。

大窪　それが協同社会のもう一つの基礎イメージになるというわけですね。そういう基礎イメージから、先進国の社会、特にアメリカ合衆国と日本の社会を見ますと、共生ではなくて競争、循環ではなくて悪循環が目につくように思うんですね。

この間、ジュリエット・B・ショアというハーバード大学教授の『浪費するアメリカ人』（岩波書店）という本を読んだんですが、そこで「ワーク・アンド・スペント・サイクル」（work and spent cycle　労働と浪費のサイクル）ということがいわれていたんですよ。働きすぎと浪費の悪循環のことなんですね。ある統計によると、世界で最も富んだ国民であるといわれているアメリカ人の半分が、いまだに物質的な不満を感じていて、必要なものを買う余裕がないと言っているんですね。これは、低所得層にかぎらない。中流上層階層でさえそうなんです。「年に一〇万ドル（約一六〇〇万円）でも貧しく感ずる」という事態が現れている。

こうした事態をもたらしているのは、さっきちょっと言った「まねをする競争」「模倣する欲望」なんですね。消費における「右にならえ」「追いつき追い越せ」の競争です。全体として富裕になっても、モデルになる生活水準が上昇するだけで、ギアはハイに入れたままなんです。

これをショアは「競争的消費」と呼んで、それが支配しているために、全体として消費が増えるほどに貧しく感ずるという逆説的な事態が現れているのが、九〇年代の歴史的好況下のアメリカの素顔だというんです。

そして、これはほとんど病気の段階に入っていて、「要らないものまで欲しがる」病症が現れて、そのための所得を増すために血眼で働く、必要と労働の正常な循環を逸して、要らないものを手に入れるために必要以上に働くという「働きすぎと浪費の悪循環」が生まれているというわけです。

そういう中で、一方でショアが注目しているのは、こういった自分の病症に気がついて、ギアをロウに入れ換えて、消費と労働の関係、ひいては暮らし方を変える人たちが集団的に現れてきていることです。ショアは、この集団を「ダウンシフター」(downshifter 減速生活者)と呼んでいます。そして、「隣のダウンシフター」像として、図のようなモデルを掲げています。ここでも、ギアをロウにシフトするという、さっき言ったみたいな速度の比喩が使われているのがおもしろいですね。

田中　そういうダウンシフターの生活様式が一般化するのが、循環共生型社会であり、協同社会だと思いますね。そういうダウンシフター化傾向がアメリカにも現れてきているということですが、ヨーロッパでは、もっと以前からより顕著に現れています。全体として一つの大きな世界的なうねりになりつつあると思いますね。

「隣のダウンシフター」像

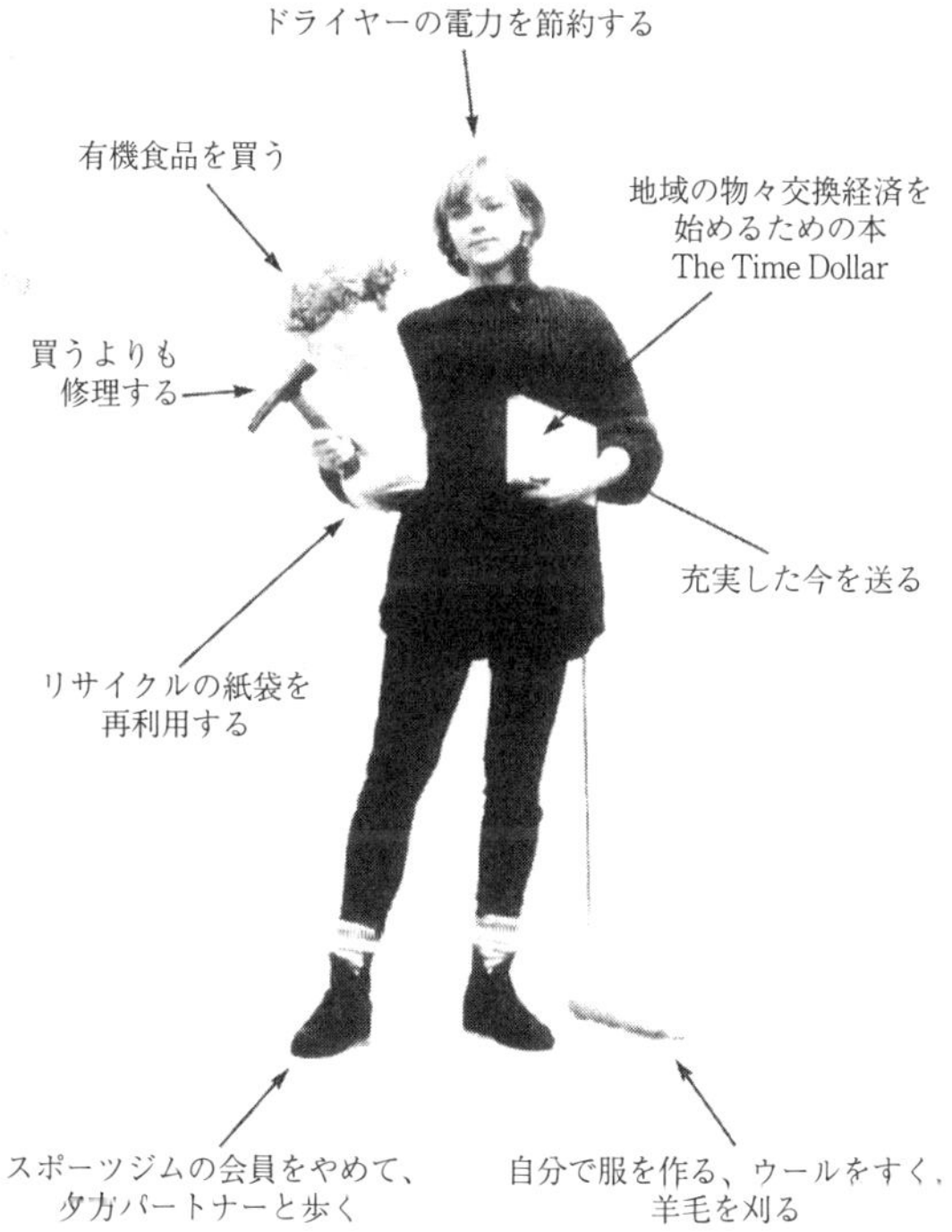
ドライヤーの電力を節約する
有機食品を買う
地域の物々交換経済を
始めるための本
The Time Dollar
買うよりも
修理する
充実した今を送る
リサイクルの紙袋を
再利用する
スポーツジムの会員をやめて、
夕方パートナーと歩く
自分で服を作る、ウールをすく、
羊毛を刈る

ジュリエット・B・ショア、森岡孝二監訳『浪費するアメリカ人』(岩波書店、200年)173頁

大窪　だけど、そういう社会は生産性が低い、またそんなふうに消費を減らせば経済は難破する、という反論があると思うんですが、ショアは、ダウンシフターが支配的になっても、ワークシェアリングが進むから失業率は高まらない、また確かに低消費文化の下では経済成長率は低くなるけれど、それは人々の選択と優先順位が変わったことを意味しているにすぎないの

であって、成長率そのものがあまり大きな意味をもたなくなっただけのことであって、むしろ経済は安定する、と論じています。

ただ、問題は、低消費経済に移行する過程にあるのであって、そこで最大の問題になるのは、その移行が不均等に発展すれば、グローバル化している経済の中で、その国あるいは地域が相対的に打撃をこうむることになる点にある、と指摘しています。だから、そういう国際競争の構造そのものを問うことが必要だというんです。そして、その国際競争の構造は、技術の避けがたい結果ではなくて、アメリカ企業とアメリカ政府の意図的な活動によって引き起こされたものである以上、アメリカ自身が、そうした世界的な「競争的消費」を「支配的宗教」とすることをやめて、「文化的な日々の生活体験と共存する、まともに機能する経済のモデル」を問いはじめるべきときではないか、とショアは最後に言っています。

消費市場のグローバリゼーションは、こうした「悪循環競争型社会」から「循環共生型社会」への転換を、個人や個々の社会集団、地域や一国の問題にとどめず、世界全体の問題として提起することに、かえって、なっているのではないでしょうか。

【協同自主管理社会主義のイメージ】

大窪　ここまでの話の中では、協同社会というのは、主に資本主義社会の中での対抗プログラムみたいなイメージで話されてきたと思うんですが、もともと樋口さんなんかは、むしろ、協同社会というものを、まずはそうした対抗プログラムを経過しながらも、やがてはそれを超えていく、社会主義社会のあるべき姿というふうにとらえてきたんだと思うんですね。だから、樋口さんのキューバへのアプローチも、新しい、そして実は本来のものである社会主義社会を実現するためにキューバ社会主義は協同組合セクターを導入するべきだ、という観点からなされたものだったと思うんですよ。

いま「あるべき社会主義」なんて言うと、「なんて、アナクロな！」（笑い）と言われるに違いありませんが、あえて、協同組合と社会主義、そこから考えられる、これまであった社会主義とは別の、「もう一つの社会主義」について、考えてみたいと思います。樋口さん、そのへんはどうですか。

樋口　私自身の問題意識としては、最初は社会主義と労働運動との関係というところにあったんですよ。社会主義者になって労働運動をやるようになったのは戦後だが、そのころから、前衛党が伝導ベルトを通じて労働組合を駆使するという考え方、政治意識の高い党が身のまわりのことしか考えられない労働者の組織に政治性を注入していくという考え方になじめなかったんだな。当時の共産党では、そういう考え方が主流ですよ。それがレーニン主義だとされていた。

だけど、実際の労働運動では、それが共産党を中心とする左派によるものであっても、優れた運動では、どこでも、労働者の組織が、自分たちの経済的要求を実現するために結集する組織であるとともに、政治やあるべき社会を考え、また労働者の相互扶助、助け合いのために結集する場でもある、という関係があったわけだよ。そういう経験をする中で、労働者組織というのは、新しい社会のありかた、自分たち固有の要求、身のまわりの助け合い、それをいっしょにやるものであるべきだ、と思うようになったんだな。これは、組織としては、政党、労働組合、協同組合と機能分化されるものかもしれないが、機能分化されても、根本的には一体のものとして進められるべきだ、そうしてこそ、労働者の社会である社会主義社会を俺たちの手でつくることができる、と思ったわけだよ。

山本　私が若い労働者だったとき、樋口さんよりずっとあとですが（笑い）、私もそう思いました。労働組合と政治組織と相互扶助組織が一体になった労働者の結合こそが、新しい社会をつくれるだろう、そう思いましたね。

樋口　そういう考えは、まだ漠然としたものだったんだが、いろいろ本を読んでみたりすると、そういう考え方が、労働運動の中にもともとあったんだということを知ったわけだよ。むしろ、そういう考え方のほうが社会主義のおおもとだったんだな。

例えば、オックスフォード大学教授のG・D・H・コールが一九四八年に改訂版として書いた『イギリス労働運動史』（岩波書店）という名著といわれる本がある。それを読んでみたら、こういうことが書いてあるわけだよ。

「労働者階級の三大部門——労働組合、協同組合、及び政治組織——が実はただ一つの努力の三つの面であり、共通の必要と共通の感動からその力を汲みとるものであり、その途は時に異なることがあっても、共通の目的に進むものである」

そうして、コールは、社会主義が萎縮して世俗主義に転落してしまったとき、この共通の目的に向けての三つの面の結合が破壊され、それぞれが独自の道を進むことになったというんだな。

大窪　イギリスにおいては、社会主義が理想を失って世俗化すなわち体制内化したから、労働組合、協同組合との関係が壊れてしまった、というわけですね。けれど、一方で、やがて共産主義運動のほうからも、この結合を壊す方向に行ったわけで、樋口さんが戦後に体験したのは、そっちのほうですね。

樋口　それで、社会主義と労働組合と協同組合の関係のいちばん最初のところにさかのぼって、調べてみた。そうしたら、それまで「空想的社会主義」と否定されてきたロバート・オウエンこそが出発点になっているし、そこにもどって考えるべきだということがわかったわけだ。その思想は、生産者の協同組合的結合を中心とした協同社会の建設だよ。そして、その観点からマルクスを読んでみると、それを受け継いだ観点がちゃんと見られるんだな。

マルクスのイメージした共産主義社会というのは、簡単にいって、「連合した協同組合」による社会なんだよ。マルクスは、『フランスにおける内乱』で、こう書いている。「もし協同組合の連合体が一つの計画にもとづいて全国の生産を調整し、こうしてそれを自分の統制のもとにおき、資本主義的生産の宿命である不断の無政府状態と周期的痙攣〔恐慌〕を終わらせるべきものとすれば――諸君、それこそは共産主義、『可能な』共産主義でなくてなんであろうか！」そういうふうに、協同組合の連合体による調整と統制が共産主義なんだ、と言っているわけだよ。これまでの社会主義国では、この「一つの計画」「統制」ということばっかりが採り上げられて、それが「協同組合の連合体」によって行なわれるべきだという点を無視してきたわけだよ。

これは一八七一年のパリ・コンミューンのときに言われたことだが、それより前からマルクスは協同組合を高く評価しているんだな。例えばね、一八六四年の国際労働者協会いわゆる第一インターナショナルの創立にあたって、こんなふうに言っているんだな。「われわれは、協同組合運動が、階級敵対に基礎をおく現在の社会を改造する諸力のひとつであることを認める。この運動の大きな功績は、資本にたいする労働の隷属にもとづく、窮乏をうみだす現存の専制的制度を、自由で平等な生産者の連合社会という、福祉をもたらす共和的制度でおきかえることが可能だということを、実地に証明する点にある」

ここでも、つくられるべき新しい社会は、協同組合を通じた「自由で平等な生産者の連合社会」である、というふうにとらえられているわけだよ。

大窪　そういう社会主義社会の基礎イメージから、前衛党が政治意識を注入して、労働組合が経済闘争を闘い、協同組合が兵站部になるというような上下関係ではなくて、政治と労働と生活を一体にした運動をやっていこうとしたわけですね。このあいだ樋口さんが出された論文集の題名が『めしと魂と相互扶助』（その後、増補されて第三書館から出版）で、どうしてこの三つを並べたのかなあ、と思っていましたが、いまの話でわかりました。「めし」＝労働組合、「魂」＝社会主義、「相互扶助」＝協同組合であって、これを一体にした運動をやろう、という意味がきっと背後にこめられているんですね。

樋口　「めしと魂と相互扶助」は、俺が八〇年代から労働運動の基本としてくりかえし言ってきたものでね。めしは天であり、革命はパンから始まる。自分が、そしてみんながどうやって食うかという問題を第一にすえない運動は必ず失敗する。大衆の生活の問題を取り上げても、そのとき自分の生活の問題をカッコに入れているんじゃだめなんだよ。カッコに入れるというのは、一方では活動家は食えなくてあたりまえだ、活動家自身にとってめしの問題なんて次元の低い問題だという態度、もう一方では、自分は大衆よりずっといいものを食って、いい生活をしながら、大衆の生活問題を運動の道具として取り上げる態度、その両方だよ。どちらもだめだし、多くの場合、その両方は結びついている。俺の経験では、戦後の日本共産党の運動も、それをのりこえたはずの新左翼の運動にも、そういう「めしの食い方」の軽視、あるいは無視が支配的だったわけだよ。めしから始まる運動は、自分の、自分たちの生き方と結びついている。それが魂だよ。社会主義というのは、まず政治の問題であり権力の問題であるのではなく

ハバナ市内のスーパーマーケット。外国資本が導入されている

て、まずは日本で言う「一つ釜の飯を食う」という関係の問題なんだよ。Socialismというのは、societyのismであって、ソサイエティーというのは、もともとcompanionつまり「パンを共に食う」という意味なんだ。だから、食うことから始まって平等と共生の問題が出てくる。平等にめしを食えるようになる関係を個人が結合してつくりだしていこうとするのが社会主義なんだよ。そういう関係を、単に将来の課題としてだけではなく、いま、ここでおたがいに求めていこうとするのが社会主義の魂なんだよ。ところが、戦後の社会主義運動は、めしの問題から出発した賃金と労働条件における平等と集団的自己決定から社会主義を組み立てていくんじゃなくて、それとは切れたところから政治的あるいは理念的に社会主義を接ぎ木していくような運動だったといっていい。それじゃ、労働者や生活者の間に魂を育むことはできない。

そう考えるなら、社会主義は、いま、ここでの相互扶助、協同の精神と結びついている。協同組合は、労働運動や未来社会の構想を陰や裏から支える兵站部や裏方ではなくて、その運動や構想自体が相互扶助の実践であり、協同組合主義の実践であるという関係にあるはずなんだ。俺は、社会主義と協同組合主義は、その意味で、現在の実践においてはイコールであるべきだと考えてきたんだが、日本の戦後の運動では、残念ながら、そういう考え方は非常に希薄だった。

栃原　樋口さんたちは、ソ連が崩壊する以前の一九八〇年代から、そのことを指摘して、労働者生産組合の組織、労働組合と協同組合の結合、労働者自治・市民自治による相互扶助・協同社会、協同組合の連合による自主管理社会主義を唱えてきたわけですが、最近では、いま樋口さんが引かれたのと同じマルクスの言葉にもとづいて、評論家の柄谷行人さんたちが「可能なるコミュニズム」ということを言って、二一世紀のコミュニズムを標榜していますね。

樋口　いずれにしても、もともとの社会主義の原像というのは、自由で平等な生産者の協同社会というイメージにあったわけで、組織的には労働者生産協同組合の連合なんだよ。そして、それに至る過程でも、労働者協同組合を中心にした各種協同組合運動のネットワークというものが重視されなければならない。そういう中から創り出される新しい協同社会こそ、これまでの暗い官僚制管理社会主義ではなくて、協同自主管理社会主義として、ほんとうの社会主義の明るい原像を回復するものになる、と俺は思うんだな。

【モンドラゴンとキューバ】

栃原　そういう各種の協同組合のネットワークという点では、以前からスペインのモンドラゴン協同組合の実験が注目されてきたわけですね。

モンドラゴン協同組合というのは、分離独立運動が行なわれているバスク地方にあって、そこには協同組合の連合ネットワークが独自につくられてきたわけです。その基礎は、消費協同組合ではなくて、樋口さんが重視している労働者生産協同組合で、鋳造・製鋼から耐久消費財までいろいろな製品を造っている労働者協同組合が多数組織されています。それから、農業協同組合、漁業協同組合、森林組合といった生産者の協同組合が複数あって、教育協同組合、住宅協同組合、サービス協同組合といった公共的な協同組合があります。さらに単一の消費協同組合があって、労働人民金庫という金融機関兼調整機関のような機関があって、協同組合はすべてそこに加入しています。

こういうふうに協同組合の地域複合体ができていて、それらは組合員主権に基づいて自治的に運営されています。こういう協同組合ネットワーク運動が始まったのは一九五〇年代からですが、これによって、市場経済システムとは異なる地域経済システムができあがって、荒廃していたバスク地方の地域社会を再建し、バスクの経済自立の決定的要因になったと評価されているんですね。私も、このモンドラゴンの実験には関心をもってきたんですが、こういう方式をキューバに導入できないか、と思っているんですね。それは、旧来の指令統制型の社会主義経済システムでもなく、市場原理万能の新自由主義的経済システムでもないものを模索しているキューバにとって、もう一つのモデルになるんじゃないか、と思うんですけれどね。

岩垂　モンドラゴンの意義は認めますけれど、それをキューバに導入するのは、ちょっとむりじゃないか、という気がしますね。モンドラゴンの場合は、徹底的に多元的で分権的な原理に基づいていますよね。だけど、キューバの場合は、依然として中央集権的でしょ。中央集権的な分配体制を維持することを第一にしている。それを部分的に解除して、一定の分権化を図っているけれど、やはり要は協同組合を国家による物資再分配機能と位置付けていると思うんですね。その意味では、モンドラゴンとキューバは、基本思想が正反対なところがあるわけですね。だから、キューバで現在行なわれているような分権化の進展の中でモンドラゴン方式を導入していくということはむりで、基本思想自体を全面転換しなければできないように思うんですけれどね。

大窪　確かに、モンドラゴンの場合には、フランスを中心に前世紀から盛んだった生産協同組合の伝統が地域に根づいていたという下地があった、キューバにはそれがないということはいえると思いますね。

田中　キューバも長期的に見ると、中央集権を維持していくのか、地域分権を推進していくのか、という岐路にあると思いますね。これまではずっと中央集権できたわけで、しかもそれが意義をもっていたことは確かですから、なかなかすぐに全面的な分権化に進むわけにはいかない。だけど、やはり長期的には分権化していくしかないと思います。ただ、一気にというわけにはいかないんで、経済の分散化を進めながら、価値観の上で多様化・多元化を進めていって、その上でどのような分権的システムがいいのか検討していく、ということになるんじゃないでしょうか。

樋口　俺は必ずしも漸進的にではなく可能だと思うんだな。岩垂さんが言うような全面転換が可能だと思うんだよ。なぜ可能かと思うかというと、いくつかの要因がある。

第一に、キューバは小さな国だっていうことだよ。人口は一一〇〇万、東京都の規模で、予算規模は東京都よりずっと小さい。国土は日本の本州くらい。大国じゃないんだよ。小回りが利く。第二に、国家の指導部にノーメンクラトゥーラがいないだけじゃなくて、教条主義的な固定観念がなくて、実践経験を重んじているし、大胆に修正・転換していく柔軟性があるわけだよ。それは有機農業への大転換を見ても、如実に実証されているわけだよ。それから、第三に、ゲバラが提唱した「新しい人間」の人間像、理念がいまでも生きている。主体的に社会を変えていこうとする、そういう人間集団がかなりの層をなして存在しているし、それが裾野をもっている。しかも、そういう集団が、単に革命的気概に燃えているというようなことだけじゃなくて、技術、運営能力をもった集団と重なっている。中間指導層を含めた指導層の「人的資源」が厚いっていうことは、さっきも指摘されたよな。キューバ社会には、そういう潜在力が充分あると思うんだよ。だから、全面転換できる潜在的可能性がある。

それから第四に、いまもちょっとふれた有機農業への大転換は、その理念において、協同社会を地域からつくっていく志向と一致する面があるわけだよ。これはけっして農業に市場原理を入れるため、というところだけから行なわれたわけではなくて、農業生産のありかたを根本的に転換しようというところから発していて、そこから協同所有が重視されていったわけだし、生産単位の運営に協同組合方式を入れていったわけだよ。その点では、ソ連でもっぱら国営企業の民営化への突破口としてコーペラチフ企業を導入したというようなのとは違う。だから、協同所有に立脚した新しい社会システムへの志向というか、方向性を、全面的にではないけれど含んでいると思うんだな。

協同社会の可能性

事実、キューバでは協同組合の研究が積極的に行なわれているわけだよ。例えば、ハバナ大学の協同組合研究所の研究水準はかなり高い。けっして社会主義的協同組合の研究をしてきただけではなくて、スウェーデンをはじめヨーロッパの協同組合の研究もよくやっている。キューバは、カストロがスウェーデンの首相だったパメラと親しかったこともあって、スウェーデンの社会システムにはちゃんと着目していて、これまでも交流もあるし、研究もしているんだよ。スウェーデンの協同組合が、九〇年代になってから、ザンビア、ケニア、タンザニアなんかのアフリカ諸国において、それまでそういう国々で行なわれてきたソ連型・中央集権型の政府主導の協同組合ではなくて、アフリカ社会の共同体に生きている自助、相互扶助の伝統に立脚した自前の協同組合づくりを進めていくべきだと考えて、それを支援してきた事実があるわけなんだが、キューバの指導者は、その実験を知っていることは明らかだし、おそらく研究もしていると思うんだな。

モンドラゴンについても、知っているし、関心をもっているよ。俺が最初に一九九一年にキューバ政府の連中と話したときに、モンドラゴンのことを言ったら、非常に関心をもっていたし、のちに駐日キューバ大使に話したときにも、自分自身でぜひスペイン語の文献を読みたいと言うんで、紹介したことがある。

だけど、彼らは慎重なんだよ。いったん路線を定めたら全面的にやるけれど、それまでは非常に慎重なんだよ。だって、いまキューバの厳しい状況の下では、おもしろそうだからやってみようか、やってみてだめだったらしょうがない、なんてことは許されないわけだからね。

濱口　そうですね。キューバ共産党中央委員会で会見したときにも、いまのキューバの特殊な状況の下では、戦略的に方向を間違えると、キューバは消失してしまいかねない、だから、新しいことについては熟慮したうえで確実な一歩をふみだすという姿勢である、と言っていましたが、確かにそういう厳しい状況なんだと思いますね。だから、研究と熟慮を重ねた末に決定する、というのは指導部として当然ですよね。だけど、農業の大転換のように、いったん決定したらすごいですからね。

栃原　モンドラゴンの協同組合は、かつてユーゴスラヴィアをさかんに訪れまして、ユーゴの自主管理社会主義の経験を学んだんですが、結論的に言って、ユーゴのようなのっぺらぼうな全体的所有の形態ではだめだ、ということで、個人的所有の集積としての協同所有という方式を編み出したんですね。例えば、モンドラゴンの協同組合の場合、再投資部分の七〇パーセント以上は、配当金付き出資勘定として個々の組合員の資産に還元されるしくみになっているんですね。これは、協同組合を脱退するとき、個人にもどされます。

私は、現在のキューバの協同組合でも、のっぺらぼうの全体所有ではなく、また個人所有でもない、個人へのインセンティブが生かせて、しかも協同組合へのロイヤルティが生まれる所有形態を考えるべきだと思っているんですが、その上では、モンドラゴンのこういう方式が大きな参考になるんじゃないでしょうか。さっき「創造的多様性」のことが出ましたが、カストロの言う「創造的多様性」を、個人の創造性のレベルでどれくらい一般化できるかが問題になってくると思うんですが、この所有形態の問題は、それに密接に関連していると思っているんですけれどね。

【協同組合地域社会の形成】

栃原　それから、いま樋口さんが、アフリカのことをおっしゃいましたが、キューバの地域社会にも、自助、相互扶助の伝統は根づいていると思うんですよ。農村共同体の絆は現在の日本なんかよりはるかに強いし、農村でも都市でも、家族・親族の絆、近隣の相互扶助の気風は、日本と比べたら、非常に強くありますよ。私も、キューバの街をまわってみて、それを実感しました。

大窪　それで思い出しましたが、キューバ外務省の情報局長のミカエラと話していたときに、自分がまだ小さかったころ、革命直後のころのことを思い出してみると、地域の革命防衛委員会は、そのまま自主的な相互扶助組織だったというんですね。生活物資の配給の確保や分配なんかを、ちょうど日本の戦争直後の「町内会生協」みたいに、担っていたようなんです。そして、そこで、配給品をどう分配するか、自主的に決めていた、この物資はいちばん困っている世帯に優先的にまわすとか、この物資は平等に均等に分けるとか、自分たちで協議して決めていた、それ以外にも、暮らしの助け合いをいろいろやっていた、と言うんですね。その後、ソ連型の社会主義経済のもとで、そういう下からの相互扶助組織は姿を消していってしまったけれど、そういう精神は消えていないはずだ、と言っていました。

栃原　だから、生産協同組合の伝統はないかもしれないけれど、自前の協同組合を展開しようとしたら、その基盤はあると思うんですね。

樋口　これまでの協同組合運動は、全体として見ると、そういう伝統的な共同体の相互扶助みたいなものを軽視してきたんだよ。社会主義国や発展途上国の協同組合運動は、国家の社会政策と一体化した上からの中央集権的協同組合づくりばっかりやってきたし、欧米先進国では、都市の市民の間に新しい流通組織をつくりだすことを中心にしてきたわけで、伝統的な共同体の相互扶助を前近代的なものとして無視してきたと思うんだな。そのへんで、日本はちょっと違って、都市にも残っていたそういうものをもとにしながら、「班」を基礎にした生協をつくったりして、日本型生協組織といわれる型をつくりだしてきた。それもいま崩れてきているわけだけれど、その経験をキューバに伝えて、社会主義型でも欧米型でもない協同組合を組織していく手助けができるんじゃないか、と思うんだがな。

国際的にも、例えばスウェーデンのベークなんかは、農林水産業や手工業、鉱山業において工業化以前から存在してきた協同労働、自給自足、相互扶助の伝統をあらためて活かすことを提唱している。

まず農業協同組合を、国営農場の補完ではない自主的で新しい型のものに整備していく。それから、労働者生産協同組合を、小規模なものからでいいから興していく。それから、消費組合、生協を、欧米型のものではなくて、かつての日本型のようなものとして組織していく。生協は国民所得が年間一人当たり一万ドルくらいないとできないという論があるけれど、それは欧米型消費組合のことだけを考えているからで、そういう型でないものならば、発展途上国でも、前期的な形態ですぐできる。そして、そういう各種の協同組合を地域的にネットワーク化して、協同組合地域社会を形成していく。そういったイメージなんだ。

岩垂　「組織していく」「興していく」といいますけれど、協同組合というのは、本来、上からではなく下から自発的に「組織されていく」ものだし、「興っていく」ものですよね。だから、国の指導部に期待するんじゃなくて、そういうふうに興っていく基盤があるんだったら、その基盤のところを援助していくことが必要なんじゃないですか。

樋口　それは、そのとおりだと思うよ。だけど、指導部をその気にさせることも大事なことなんでね。

大窪　私は、キューバの指導者は、少なくとも中期的な展望としては、そういう全面的な転換ではなくて、所有形態を変え、経済の集権的システムを解除しながらも、基本的に「大きい国家」を維持して、最低限の生活条件を保障していく福祉国家的方向を採っていくように思いますけれどね。

ただ、キューバの国家予算の中で、医療・教育の無料化を含む、そういう最低限の生活条件を保障するための費用、いわゆる「基本的成果維持費」が約四〇パーセントにものぼるわけで、確かにその負担は大きいと思うんです。この負担の重さのために、医療・教育の無料化も、完全には機能しなくなっていると聞きます。ですから、これまではそういう国家の公共的福祉政策でカバーしてきた領域を、部分的に協同組合方式の地域の相互扶助に移していくということは充分考えられると思います。つまり、国家がすべて負担するというのではなく、国家が一定の経済的・社会的シェルターを制度的に設けて、その下で協同組合や非営利組織が相互扶助的に運営していくという形ですね。これは、市場経済導入による分散化とはちょっと別の観点、新しい公共政策の展開という観点からのものになると思います。

さきほどスウェーデン・モデルとキューバ・モデルについて議論がされましたが、スウェーデンというのは、行政サービスがゆきとどいた高福祉社会であると同時に、その行政サービスを国家よりもむしろ地域コンミューンがになう方向を積極的に推進する一種の「コンミューン社会」でもあったわけですね。「コンミューン法」に基づいて、地方自治の基本単位である「コンミューン」と「県コンミューン」、それから「教会コンミューン」といった各種コンミューンが行政業務の非常に大きな部分を担当していたわけです。その分、家庭・家族の社会的・経済的機能は縮小されて、「スウェーデンには家庭などない」といわれるほどだったとスウェーデン研究者の岡沢憲芙さんは言っています。これは一九世紀以来スウェーデンにつくられてきた伝統的社会構成に立脚しているわけで、キューバが国家の過重負担を避けながら福祉国家的方向を採っていくとき、こうしたコンミューン的分権をにわかに採れるとは思えません。むしろ、キューバ社会に伝統的な家庭・家族の相互扶助的機能に立脚した方式が現実的なようにも思えます。その点では、日本の地域市民生協は、まさしく家庭・家族の機能に立脚して同心円的に協同関係をつくってきたわけで、日本型協同組合のほうが参考になるかもしれないという気がします。いずれにしても、先進国は、この国家負担軽減を基本的に「民営化」という方向でのみ進めようとしているわけで、それをキューバがそういう方式でやれば、協同組合方式によるセイフティネットの形成というような一つの範型を先進国にも提起するものになると思うんですね。そして、それは、労働者協同組合の方式を含むものですから、モンドラゴンとは違った形ですが、協同組合地域社会への道を開くものになるんではないでしょうか。

【新しい協同組合の波】

栃原　そういう動きは先進国にも起こってきていますよね。日本でも、家事援助・介護・給食サービスとか、資源リサイクルとか、そういう公共的カバーも不充分だし、企業も儲からないからあまりやらないような領域で、ワーカーズコープとかワーカーズコレクティブとかワーカーズコープとか呼ばれる労働者協同組合やNPOが組織されて、そこが事業としてやる動きが広がっているわけですね。「福祉生協」とか「環境生協」

スペイン支配時代に建築されたモロ要塞から、ハバナ市街を望む

とか、中高年の生きがい・仕事づくりのための、高齢者協同組合や中高年協同組合とか、自然エネルギーによる発電事業を行なうNPOなんかもできてきています。

樋口　私は一九五〇年代後半に川崎で生協運動をやっていたことがあるんだが、基本的にはずっと労働運動をやってきたわけだよ。それで、八〇年代の初めから、労働運動の観点から見ても、あらためて協同組合に注目するようになったんだ。

第一に注目したのが、生活クラブ生協、それから特に生活クラブ生協が母体になって興ってきたワーカーズコレクティブの運動だった。つづいて第二に、一九八五年前後から全日自労（失業労働者、自由労働者の労働組合）を母体にして始まった中高年福祉事業団、これはのちに労働者協同組合に発展する。それから第三に、七〇年代後半にイギリスで展開されていた「労働者プラン」運動、のちに「ルーカス・プラン」といわれる運動を知ったんだな。これは、ルーカス・エアロスペースという企業で行なわれた、「社会的に有用な生産・労働を労働者自身の手で創り出そう」という、一種のオルターナティブな技術運動であり労働者協働運動なんだ。第四に、日本の労働組合の中から、コミュニティ・ユニオンという地域に密着した労働組合の連合形態が各地に現れはじめた。

こうしたものと、前に言ったICAの『西暦二〇〇〇年の協同組合』が提起した「生産的労働のための協同組合」「社会の保護者をめざす協同組合」「協同組合地域社会の建設」が重なって、労働運動の中からも労働者生産協同組合を組織して、ワーカーズコレクティブ運動と提携し、生協をはじめとする協同組合と結びついて、新しい協同組合運動を生み出していこうとしたわけなんだな。

これは、一気には進まなかったけれど、いま栃原君が言ったように、一定の広がりを見せてきている。労働組合の一部からも、国労、全逓、あるいは中小企業の労働組合なんかを中心に、生産協同組合の組織化の動きが出てきた。ところが、九〇年代の構造的な不況の中で、労働運動には企業防衛的な傾向が深まっていったし、生協も全体としては事業が停滞を余儀なくされて、動きが鈍っていったわけだよ。生協でも、いまぐんぐん伸びているのは首都圏コープぐらいだろ（笑い）。だけど、理念は間違っていないと思うんだよ。いまにきっと新たな展開ができると思っているわけなんだけどね。

大窪　その点でいま注目すべきなのは、アメリカ合衆国の協同組合運動だと思うんですよ。一九九九年のＩＣＡケベック大会で、合衆国の全国協同組合事業連合（National Cooperative Business Association　略称ＮＣＢＡ）理事長のポール・ヘイゼンが報告しているんですが、いま合衆国には「協同組合ルネッサンス」が起こっているっていうんですね。新世代農協、電力消費者協同組合、労働者協同組合といった新しいタイプの協同組合が続々と組織されていて、いまや全国で四万七〇〇〇を超える協同組合が一億二〇〇〇万人の組合員を組織するまでになった、しかもそれが毎年数百万の規模でふえつづけている、という話です。これらの協同組合は、「自主・自己決定・平等・連帯・参加型民主主義」という原則に基づいて組織されており、それぞれの協同組合が分野ごとに州単位あるいは全国的に連合を組んで、公共セクター、民間セクター、非営利セクターとパートナーシップを構築しながら、持続可能な地域コミュニティ建設の要石になっている、とヘイゼンは報告しています。

北米大陸の協同組合運動は、八〇年代に深刻な停滞に陥っていったわけです。カナダのケベック州生協の倒産に示されるように大規模化した生協もだめになっていったし、カリフォルニアのバークレー生協の倒産に示されるように小規模だけど協同組合原則に忠実な生協も壊滅していったわけです。バークレー生協が倒産したころには、合衆国は生協不毛の地になったといわれたくらいです。その廃虚の中から蘇ってきた協同組合が、これだけの規模で発展していて、その主力が新しい型の協同組合だというのは、九〇年代のアメリカ経済の歴史的に稀な活況を背景にしているという点を割り引いても、注目すべきことだと思いますね。

ヘイゼンは、この新しい型の協同組合の勃興を「協同のニューウェーブ」(new wave of cooperation) と呼んでいます。このニューウェーブの実態についてはインターネットで沿革を知ったくらいで、詳しいことは知らないんですけれど、組合員主権の生産者協同組合が中心であることは確かです。しかも、ヘイゼンは、NPOだけではだめだ、「第四セクター」としての協同組合セクターが中心になって地域的な連合とネットワークを形成していくことが重要だとのべています。

このような形で、先進国でも新しい型の協同組合の形成と急速な展開が可能だし、その中から、新しい社会の基礎イメージも出てくるのではないかと期待されます。協同社会の可能性という点では、今回のお話し合いでは、まだ充分に深められなかったと思いますが、こうした協同の新しい波の中で、実践と論議が深められ、さらに地についた構想が打ち出されてくるのを期待したいと思います。

生活者の国際化

【グローバリゼーションと生活者】

大窪　資本、労働力、金融、さまざまな要素が国境を超え、あるいは世界的に同時進行する現象が現れ、ますます進んでいます。また、それをつなぐ情報通信技術も著しく発展し、日本でもＩＴ革命が叫ばれています。こうした中で、不可避的に生活者も国際化しなければならなくなっているのではないかと思うんですが、それは、いわゆる「国際化」の波に乗ったり、流されていくものでいいのか、という疑問も生じます。

その一方で、いま日本の生協がキューバとの間でつくりだした国境を超えた結びつきは、非常に小さなことから始まりながら、そういう国際化とは違う、もう一つの国際化のありかたを示唆するものになっているのではないか、という気がします。そこで、グローバリゼーションの中での生活者のありかた、生活者の国際化とはどういうものであるべきなのか、という点をめぐって、お話し合いいただきたいと思います。

山本　いま世界の中で見なければならない、いちばん大きな問題は、食糧問題だと思うんですね。「食う」問題、食の問題です。地球上の人口の八割が飢えているわけですよ。テクノロジーはどんどん発展しているけれど、この状況は変わらないし、むしろ悪化しているわけですよね。アジアに行っても、ラテンアメリカに行っても、どこでも大きな貧困が目につくし、飢えた子供たちが見られる。それが、いまや「水」の問題や「土」の問題に発展しようとしている。発展途上国だけでなく世界中の多くの農業地帯で土地の汚染と荒廃が進んでいます。それにともなって、飲料水、生活用水を含む水の不足も、多くの地域で深刻になってきています。

ＩＴ革命というけれど、コンピュータがなくても人間は死なないけれど、食糧と水がなければ生きていけないわけですよ。発展途上国では、それが差し迫った問題になっているし、世界的に波及してくることが考えられる。いま優先しなければならないのは、コンピュータより食糧と水ですよ。そして、先進国の政治・経済・技術が、その食糧問題を解決の方向に向かわせるどころか、かえって状況の悪化を加速している。私たちが「国際化」ということを考えるなら、まずこの問題を見なければ

ならない、と思うんですね。

それには、国際政治、国際経済の枠組みを変えなければならないわけですが、いきなり、そういう大きな枠組みをどうすべきかというところから出発して、現実に向かって降りてくるというのではなくて、そういう大きな枠組みを変えるためにも、私たちの生活のレベルから出発することが大事だと思うんです。それに、実際のところ、先進国の生活者が自分たちの生活のありかたを変えないかぎり、社会や国家、国際経済や国際政治も変わらないわけです。

大窪　多国籍企業や大資本が利潤のためにそういう構造をつくりだしているんだといっても、彼らは、だって消費者のニーズがあるから、それに合わせて生産し販売しているだけだ、というでしょうからね。

山本　それじゃ、先進国の生活者は幸せか、というと、そうではないと思うんです。グローバリゼーションによって、発展途上国の搾取、収奪を強めながらつくりあげられている国際的な食糧生産体系は、自然環境を破壊し、持続的発展が不可能な社会をつくってきているわけですよ。しかも、そういう破壊の進行の上に供給されてきた生活物資によって成り立っている先進国の生活自体が、モノは豊かもしれないけれど、人と人との結びつき、消費と生産の結びつきが薄れて、家族や地域の連帯も失われていくような貧しい暮らしになっていることは、さっきも、キューバ社会と対照したときの日本社会の貧しさ、豊かさと貧しさのパラドックスとして指摘されたところですね。それに第一、第三世界の飢餓と貧困を土台とした飽食と贅沢の生活が、豊かであるはずも、幸せであるはずもないと思うんですね。

大窪　先進国の国民が、それでも自分たちの生活を肯定するなら、発展途上国の国民が同じような生活をする権利も認めなければならないし、それを保障しなければならないということになりますよね。ところが、例えば、もし一三億の中国人が日本人と同じような生活をしたとするなら、それだけで地球環境はパンクしてしまうことは明らかなことであるわけです。地球温暖化防止、温暖化ガス削減なんて、たちまち画餅に帰してしまう。それから、中国人が欧米並みの卵を消費するようになっただけで、飼料穀物が全面的に不足して、小麦の国際価格は大幅に上昇してしまい、食糧体系は大混乱に陥るだろうといわれているわけですね。そんなことになってはならない、そういう事態は世界中で防がなければならない、ということになるわけですが、なら、どうしたらいいいか。先進国が発展途上国に対して、俺たちはこのままでいくから、お前たち我慢しろ、といえないなら、先進国の生活様式を変えるしかないですよ。だけど、それは、政府や企業にできることでしょうか。政府は政策誘導はできるでしょう。しかし、国民に生活様式を変えなさい、ということはできない。企業にしても、生活様式の変革による消費の縮小を主導することができるはずがありません。それで、問題のありかは明確なのに、ずるずるときてしまっているわけですよ。

根本的には、生活者が自ら、自覚的に生活を変えるしかないと思うんですね。けれど、それは「我慢しよう」「生活水準を下げよう」ということではありません。そういうことを精神主義的にやろうとしても、できるはずがないですからね。そうではなくて、自分の生活を自分だけの生活ではなく、自分たちの生活、万人の生活というところから考えて、今日の状況の中で、自分たちが、万人が幸せな生活とはなんなのか、万人が幸せではじめて自分が幸せになれるような幸せとはどういうものなのか、そういう生活のありかたを、みんなで追求していくということだと思うんですね。「生活者の国際化」というのは、それを自分の身のまわりだけではなく、世界全体の視野で考えていこう、考えていかなければならなくなっている、端的にそういう内容のものなんじゃないでしょうか。

山本　そうですね。そういう意味での生活のありかたを、みんなで追求していくことができるし、追求していこうとしている組織が生活協同組合だと思うんです。その追求が、私がさっき言った「価値創造」ということだと思うんですよ。「我慢しろ」ではなくて、現代の世界の状況の中で求められている、本来の食べ物のありかた、本来の暮らしのありかたを、参加と協同の中で考え、創造していく、それが生協の理念がベースにしていることだと思います。そして、そのためには、国内で、消費者が生産者と協同で考え、創造していくだけではなくて、国境を超えて、特に第三世界の生産者、生活者と協同で考え、創造していくことがどうしても必要です。グローバリゼーションの進展は、それをますます必要なものとしていると思うんですね。

二一世紀の生活様式は、二〇世紀のアメリカ型大量生産・大量消費の豊かさではなく、環境保全と相互扶助の豊かさを目標にしなければならない。それを、国内でも追求しながら、同時

アメリカの経済封鎖に反対する国際連帯集会（2000年11月）

に、それを国際的なつながりの中でおたがいに追求しなければならなくなっているのが、現在の状況なんではないでしょうか。

濱口　キューバとの産直提携、交流にしても、根底には、そういう問題意識がありますよね。

【経済封鎖のゆくえ】

大窪　話をキューバと日本の交流にもどしますと、そうした「生活者の国際化」をそこでどう追求していったらいいんでしょうか。

樋口　その前提として、キューバをめぐる国際関係を見ておかなくちゃならないと思うんだな。最大の問題は、アメリカによる経済封鎖・金融封鎖・通商封鎖だよ。これが解除されれば、キューバは大きく変わる。

大窪　その点での現在の状況、今後の展望はどうなっているんでしょうか。

樋口　キューバ革命直後は、キューバの対米関係は悪くなかったんだよ。

大窪　そうですよね。革命政府はアメリカ合衆国と仲良くしようとしていたんですからね。カストロがまず訪れたのは合衆国だったし、そこで精力的に動いていますす。彼はキューバにとって対米関係がきわめて重要であることをよく認識していたから、良好な関係を築こうと努力していますよ。

樋口　ときの大統領はアイゼンハウワーだったが、副大統領のニクソンがカストロと二時間半くらい会談している。そして、ニクソンの結論は「カストロは共産主義者ではない」ということだったんだな。「彼は共産主義に対してナイーブである。信じられないくらい共産主義のことを知らない」と言っている。

大窪　ニクソンは、ああいう悪相だし（笑い）、ウォーターゲート事件のこともあって、邪悪な悪者みたいなイメージがあるけれど、保守派ではあっても、学識も見識もあって、なかなか鋭い判断力をもった人物ですよ。そういうニクソンにとって、カストロは自分よりはるかに共産主義やマルクス・レーニン主義を知らない、ナイーブな、つまり素朴な人物として映ったんでしょうね。私もニクソンの判断に同意しますね。そのころのカストロはマルクス・レーニン主義者ではなかったし、その後もそうなったことはなかった、と思いますね。みんな、カストロが六一年に自分で「マルクス・レーニン主義者だ」なんて言ったものだから、そう思っているんでしょうが、あれは嘘ではないけれど、一種の方便ですよ。

樋口　ところが、キューバが大規模な農地改革を実施したあたりから、アメリカの大資本、特にキューバに大きな権益をもっていたアグリビジネスに押されて、アイゼンハウワー政権はキューバ敵視政策を始めた。砂糖割り当ての停止、経済と通商の封鎖に出てきたわけだよ。そして、一九六一年四月に、米海軍・空軍の支援の下に亡命キューバ人部隊がプラヤ・ヒロンに上陸作戦を行なった。作戦計画を指揮したのはＣＩＡだよ。革命キューバをつぶそうという方針を採ったわけだ。ここから、キューバはアメリカと鋭く対決するようになる。

大窪　革命キューバは、もともとアメリカ合衆国を敵視していたわけではないんですよね。合衆国のほうが敵視してきたわけですよ。私は、キューバがソ連圏に組み込まれていた時期でも、カストロは反米を原則にしていたんじゃないと思います。キューバの位置からいって、いつかは合衆国と関係改善をしなければならないと、ずっと考えていたと思いますね。キューバにとって国際関係で最も重要なのは、伝統的に対米関係ですからね。

樋口　ともあれ、アメリカのキューバ敵視は続いて、キューバは社会主義世界体制に組み込まれていくわけだが、一九九一年のソ連圏社会主義の崩壊に際して、当時のブッシュ大統領は、今度こそカストロ政権を倒せると、キューバへの制裁強化にふみきったわけだ。一九九二年にトリセリ法を施行した。これは、アメリカ系の海外子会社のキューバに対する貿易を禁止する、キューバに寄港した船はアメリカに寄港することを禁止する、といった内容で、これは「キューバ民主主義法」というふざけた名前がついた法律で、そもそもそこに、アメリカ流「民主主義」を押しつけようという傲慢な態度が表れているよ。これによってキューバは、輸入製品の値上がりや運賃の値上がりで、さらに苦しくなったわけだな。さらに、次にはクリントン大統領が、九六年にヘルムズ・バートン法を施行する。これは、アメリカが自国以外の国のキューバに対する通商にも制裁を科するというもんで、キューバ封鎖を国際化しようというものだったわけだ。

岩垂　ほかの国にむかって、お前たちがキューバと通商したらアメリカがお前たちにも制裁措置をとるぞ、というんだから、これはかえってほかの国々の反撥を招いた面もあったわけで、この年から、国連総会でのアメリカによるキューバ封鎖の解除を求める決議に対する賛成国がぐっとふえてますね（別表参照）。いま、これに反対しているのはアメリカとイスラエルの二国だけですよ。だから、この点では、アメリカは国際舞台ではまったく孤立しているわけですね。それから、九八年にはローマ法王のキューバ訪問があって、キューバはさらに国際的立場を強めたわけですね。

樋口　そういう中で、アメリカ国内でも、キューバとの交流を進める動きが出てきているんだな。九九年から、そういう動きが加速されている。元国務長官のキッシンジャーたちが対キューバ政策の再検討を求めているし、民主党のダシュル院内総務がカストロと徹夜で会談したりした。米大リーグとキューバ・ナショナルチームが両国で野球の試合をする企画も始まった。

アメリカによるキューバ制裁の解除を求める決議の推移

年	賛成	反対	放棄
1992	59	3	71
1993	88	4	57
1994	101	2	48
1995	117	3	38
1996	138	3	25
1997	143	3	17
1998	157	2	12
1999	155	2	7
2000	167	3	4

アメリカでもキューバでも満員の盛況だったそうだな。例のエリアン君事件でも、最終的にはキューバ政府の正論をクリントン政権が受け入れて、解決されたわけだよ。そういう中で、キューバを封鎖するんじゃなくて、開放すべきだという世論も一定の高まりを見せてきた。キッシンジャーなんかは、以前から、カストロと直接折衝してキューバ開放政策を採るべきだ、と主張していたからな。

キューバを見る国際社会の目も大きく変わりはじめている。中国、ロシアや第三世界諸国だけではなくて、カナダ、メキシコ、EUなんかも、キューバ開放政策を積極的に採りはじめているわけだよ。

大窪　二〇〇〇年一〇月には、合衆国議会でキューバ制裁緩和法が成立しましたよね。

岩垂　食糧と医薬品の対キューバ向け輸出を認める、というやつですね。だけど、これは、それに貿易融資の禁止とアメリカ国民のキューバ観光旅行の禁止をセットにしたものでしてね。貿易や融資の禁止で輸入の際にアメリカの銀行から資金調達することができなければ、キューバは現金決済するしかありませんし、これまではアメリカ人は表向きはともかく抜け道を使えばキューバに旅行できたのが、法的に禁止されることになってしまったわけで、それに第一、キューバからの輸入は認めない、というんですから、全体として多分にアメリカにとってだけ都合のいい内容だったんですね。だから、キューバ政府は、こんな不公正な法律は完全に拒否する、と声明して、こんな条件の下ではアメリカの農産物、医薬品はいっさい買うつもりはない、と通告したわけですよ。

樋口　この制裁緩和法の背後には、アメリカの農産物をキューバ市場に売り込みたいという農業ビジネスの要求があったわけだよ。さらに広くは、制裁を解除してキューバと交易したいという実利的な要求が国内にかなりあるんだ。それに対して、フロリダを中心とした亡命キューバ人組織が頑強に反対している。その妥協の産物が、今回の制裁緩和法の中身に表れているわけで、アメリカの利益のためにも対キューバ政策を変えろという動きが強まっていることは確かなんだよ。

二〇〇〇年六月に、朝鮮半島における五〇年に及ぶ厳しい対立が、歴史的な南北首脳会談によって、和解への一歩を踏み出したわけだよ。その背景には、アメリカの「太陽政策」への転換、北朝鮮を追いつめるんじゃなくて、むしろ開放の方向にもっていくことで国際社会に組み込もうという意図があったわけだよ。それなら、アメリカは、キューバに対しても開放政策を採るべきだ。ぜひとも、封鎖解除を行なうべきだよ。ブッシュ新政権が亡命キューバ人組織に色目を使っているという問題はあるけれど、可能性は出てきていると思うな。
大窪　亡命キューバ人組織の勢力はどれくらいあるんですか。
岩垂　亡命キューバ人一般というより、その中の富裕な層が中心になって組織したCANF（Cuban American National Fund　キューバ系アメリカ人財団）が問題ですね。一九八一年に創設されたCANFは、カストロ政権打倒をはっきりと掲げていますし、大きな財政力をもっていますから、政界にもキューバ・ロビーを形成していて、隠然たる勢力をもっているんですね。特に大票田のマイアミでは、キューバ系住民が人口の半分近くまでいっていますからね。それで共和党ブッシュ陣営も、これをつかむために反カストロ的な姿勢を示さざるをえないわけですよ。ただ、樋口さんが言っていたように、アメリカのキューバ政策をCANFだけが牛耳る時代は終わって、もっと全体的にほかの要素を考慮しなければならなくなっているわけで、その意味では、CANFの地位は相対的に下がっているといえるんでしょうね。

【活発化しはじめた日本とキューバの交流】

大窪　そういう中で、日本のキューバに対する関係改善の動きはどうなんでしょうか。
樋口　さっきも出された九七年のペルー日本大使館占拠事件で、日本政府・外務省もキューバの対応に感謝して、キューバに対する見方、対応が変わりはじめたわけだ。国連総会での制裁解除決議にも、日本は、この年から、それまでの棄権の態度を改めて賛成にまわったわけだしな。ハリケーン被害に対する無償援助もやった。経済界でも新しい動きが出てきているな。

濱口　一九八〇年代から続いていた債務支払い停止問題がリスケジュールの基本合意で解決に向かったことは先ほど話しましたが、日本キューバ経済懇話会という組織が、三〇社くらいの日本企業の加盟でつくられているんです。リスケジュールに基本合意したのは、この経済懇話会です。

一九九九年一一月に、この経済懇話会が中心になって、大きなミッションがキューバを訪れて、キューバ側と合同会議を行なっています。団長は、キューバ友好議員連盟会長の三塚博でした。この三塚ミッションには、日本の主要な商社は全部参加していましたし、主要な政党代表も参加していました。つまり、経済ミッションであるとともに、議員ミッションでもあったわけですね。ここで、かなり実質的な討議が行なわれて、関係改善の道が開かれてきたわけです。私たちが二〇〇〇年にキューバに行ったときにも、キューバ側は、このミッションとは満足のいく話し合いができたと評価していましたよ。

この会議の成果で、医薬品などのキューバからの輸入の動きが始まりましたし、輸出保険や公的資金を使った経済関係も再開されました。この経済関係は、今後、順調に拡大していくと思いますよ。

私たち首都圏コープも、キューバ大使に勧められて、二〇〇〇年一一月に日本キューバ経済懇話会に加盟しまして、二〇〇一年一月には、東京で開かれた日本・キューバ合同会議に出席いたしました。キューバはもともと積極的ですが、日本側もかなり積極的になってきているという印象ですね。

大窪　キューバを訪れる日本人観光客も増えているようですね。

山本　九八年に倍増したそうで、その後も増えつづけているようです。

岩垂　でも、音楽ファンなんかは除いて、一般観光客では、リピーターは少ないんじゃないですか。

大窪　そうでもないみたいですよ。全体から見れば少数なのかもしれませんが、インターネットのキューバ関係のＨＰなんか見ますと、すっかりキューバ・ファンになって何回か行っている人たちが目立ちますよ。

樋口　二〇〇〇年に、『キューバ万華鏡』（海風書房）という本が出てな、これは三〇人くらいの人たちが「私のキューバ体験」を書いたのを集めたもので、俺も書いたんだけど、見てみると、各界著名人にキューバ・ファンが多いことにあらためて驚いたよ。社会主義者、左翼なんていうのは、俺くらいのもんでな（笑い）、音楽の中村とうよう、アントニオ古賀、ファッション・デザインのコシノジュンコ、芸能プロデューサーの横澤彪なんかをはじめとして、ダンサー、現代美術家、写真家、空手家、ジャーナリスト、法律家、医者、いろんな人がキューバへの想いを語っていた。躾の先生もいたよ。それから、タレントのダンカンなんかも、野球を通じてキューバが好きになって、少年野球でキューバとの交流をやっているんだね。日本人のキューバへの関わりは、実は多彩で幅が広い。そして、それぞれの分野に強いキューバ・ファンが必ずいるんだよ。だから、今後、非常に多彩な交流ができると思うし、多くの分野で同時に広がる可能性があると思うんだな。それから、「キューバの子供たちに学用品を送る会」とか「キューバに自転車を送る会」とか「キューバ・ネットワーク」とか、民間のボランティア・グループやネットワークも、いろいろできていて、砂糖を輸送してきた船に帰りは自転車を積んで帰すとか、いろんな活動をやっているよ。

大田　二〇〇一年二月には、沖縄県那覇市で沖縄キューバ友好協会が設立されまして、私も、その設立総会に出席してきました。沖縄は、キューバとはいろいろな点で共通点があるし、つながりもあるんですね。地理的には、どちらも北緯二五度くらいの同じところに位置している島ですし、自然条件も似ています。もともと海上交通の要地、通商の仲介地として繁栄してきたこと、産業もサトウキビ農業を中心としてきたことなど、似ているところがあります。そして、アメリカの植民地的支配を受けてきたことも共通していますし、いま自立経済の道を模索している点も同じです。いまだにアメリカの軍事基地をかかえている点でも同じです。豚肉が好きで長寿であるとかいう生活面、音楽や踊りが生活の中に根を下ろしているとかいう文化面でも似ているところがあります。

樋口　観光立国、観光立県を図っているところも共通しているしな。沖縄は、人口一三〇万人で、年間の観光客が四五〇万人くらいはあるわけで、キューバもこれくらいの水準になれば、ずいぶん違うよ。一方で、沖縄では、そういうふうに観光は盛んでも、それによって沖縄が潤う分は少なくて、大半は東京の資本がもっていってしまうわけだろ。そのへんでは、観光を自立経済にどうつなげていくかという共通課題があるし、沖縄とキューバがおたがいに学びあえるところがあると思うんだな。

大田　そして、沖縄からは、キューバに移民した人たちが、かなりいるんですね。

大窪　戦前の日本人キューバ移民は、新潟と沖縄からの人たちが多かったそうですね。いま確認されているキューバの日系人が一〇〇〇人ちょっとで、沖縄出身の人たちが二〇パーセントくらいだと聞いたことがあります。

大田　沖縄からは、一九二〇年代から三〇年代にかけて、約二〇〇〇人の人たちがキューバへ移民しているそうです。ところが、太平洋戦争勃発とともに、沖縄の人たちとキューバ移民との交流が途絶えてしまいまして、戦後も、沖縄はアメリカの軍政の下に入り、キューバには革命政府ができるということで、交流が再開できないまま、きてしまったんですね。

それが、一九九八年の移民百周年を契機に、キューバ国内の日系人相互の結びつきが強まりまして、二〇〇〇年八月にはキューバに沖縄県人会ができたんですよ。結成したのは、沖縄出身キューバ人日系二世・三世の人たち百数十人です。その設立総会に、沖縄から戦後初めてのキューバ訪問団九〇名が参加したんですね。多くが親戚縁者の人たちです。そして、この訪問団は、キューバに行って来て、沖縄県人会の人たちだけでなく、キューバそのものに大変に親近感をもったんですね。それで、沖縄キューバ友好協会を設立したというわけです。

大窪　沖縄の人たちは、親類、一族のつながりを非常に大切にしていますからね。

大田　それで、キューバに行って来た人たちは、青い海、きれいな空、それに何よりも人情の濃さが沖縄とよく似ていて、いっぺんで好きになった、と言っていました。「カリブのオキナワ」といったような感じをもったらしいんですね。だから、沖縄とキューバとの交流は、日本本土とキューバとの交流とはひと味違った、濃い中身のものになるんじゃないか、という気がしますね。

樋口　日本人全体のキューバ認識も、まだまだ不充分ではあるけれど、ここのところにきて、急速に変わってきつつあるよな。アメリカのキューバ封鎖を批判する論説が大新聞にも現れはじめたしな。

大田　この間、『朝日新聞』の日曜版で、ブエナ・ビスタ・ソシアル・クラブのことが採り上げられていましたが、あれは革命前の旧き良きキューバの再発見のようにいわれているけれど、そうではなくて、現在のキューバに内在するすばらしさに立脚しているんだ、というような批評がされていました。マスコミも、いまのキューバのすばらしさに気づきつつあるということだと思うんですね。それは、日本人のキューバ認識の深化を反映しているものなんじゃないかと思いました。

【生活と文化、食と農の交流へ】

大窪　そういう日本とキューバとの交流拡大の動きの中で、首都圏コープの交流、協同組合の交流、さらには生活者レベルの交流という点では、どのような展望が描けるんでしょうか。

濱口　私たちの交流は、さしあたり国際産直提携として始まったわけで、まずは事業を通じた提携・交流です。ですから、当初はどうしても事業ベースが先行しますから、まだ生活レベルでの交流は不充分なんですね。私たちの生協の代表としてキューバに行った人たちも、各生協の理事クラスまでに限られています。今後は、それをもっと組合員レベルに広げて、ほん

日系移民の慰霊堂がハバナにある。

とに生活レベルの交流を活発にしていきたいと思っています。そのために、生協とは別に、首都圏コープが音頭をとって、「日本・キューバ文化・市民交流センター」（仮称）という組織を設立することを計画しているんですよ。

山本　日本の農業者・生活者とキューバの農業者・生活者というように、人と人との暮らしの場からの結びつきをつくっていくことが主眼なんですね。交流内容としては、キューバの文化紹介のための事業企画、エコツアー、グリーンツアー、有機農業交流ツアー、消費者と生産者の交流ツアーなどの各種キューバツアーの事業企画といった文化交流、これまで首都圏コープが進めてきた産直提携のような有機農産物を中心とした民衆交易の拡大、協同組合・NGO・NPOレベルでの提携事業、それから研究交流、研修交流といったことを考えています。首都圏コープのキューバとの交易はまだ規模が小さいですけれど、これを発展させながら、ほかの生協にも広げていって、その剰余の一部を文化・市民交流に役立てる、ということも考えています。もし一〇億円の供給が実現できれば、その一パーセントでも一〇〇〇万円ですからね。一〇億というのは、生協の供給規模からして、けっして不可能じゃありませんよ。それから、民衆交易商品の開発費として、あるいはこちらのメーカーの出荷価格に手数料として上乗せしたものを文化・市民交流寄付金として受け付けるとか、そういう形で資金を確保することが可能だと思うんですね。

栃原　そういうセンターができたら、日本の研究者や農協・生協・ワーカーズコレクティブの代表、キューバのハバナ大学協同組合研究所やCPA・ANAPの代表なんかで、日本とキューバの協同組合の可能性といったテーマでシンポジウムをやってもいいと思いますね。

樋口　これまでの日本の国際的な友好運動というと、ソ連、中国、朝鮮、どこを対象にしたものでも、みんなダメだった印象があるんだな。向こうの既存の体制を支えて、支援するだけ、それじゃダメだよ。いわゆる友好商社にしても、モノだけ、支援と儲けだけ、スキャンダルも多かったよ。双方が対等で双方が学びあう、双方に利益があり双方が支えあう、そういう交易と交流でなければならないと思うんだな。その点、いま進められようとしている民衆交易を基礎にした文化・市民交流という構想は、対等・互恵の交易と平等・友好の交流を結びつけるものので、新しい市民的な民間友好運動の型をつくるものになると思うな。

田中　私は大学生協連の会長をやっているんですが、大学生協では、以前から旅行事業をやっているんですね。旅行事業といっても、単に旅行の斡旋ではなくて、諸外国を自分の目で見て体験して、そこで何かを考え、何かをつかんでくるということが大事なんで、例えば環境とか、社会的介護システムとか、固有の文明遺産とか、それぞれにテーマを設定してツアーを組織するということを重視しているんですね。

山本　観光とお土産のツアーから、体験と感動のツアーへ、というわけですね。

田中　そうですね。それで、今年からキューバツアーもそういう形で始めることにしまして、第一回は「音楽」をテーマにしようということになったんですよ。音楽は国際言語だともいわれますし、国境なしにボーダレスに交流できる。キューバは音楽が盛んだし、日本でもキューバ音楽ブームが起こっている。ということで第一回は、「音楽」でいくことにしたんです。担当者にちょっと聞いてみましたら、いまのところは申込者は女性が大部分だそうです。第一回はそういうことですが、今後は、いまいわれたエコツアー、グリーンツアーなんかも、考えられると思っているんです。

大窪　キューバには、手つかずの自然が豊富に残っていますし、エコツアーの施設が完備していますし、ボランティア・キャンプの体制も整っていますから、エコツアーには好適ですよね。ICAPの人たちも、生協を通じて来ていただけるなら、喜んでお世話します、と言ってくれているわけで、受け入れ体制は万全ですしね。

山本　私たち首都圏コープでは、これからの産直課題の一つとして、「グリーンツーリズムと食農ネットワークづくり」を掲げているんですよ。さっき田中先生がおっしゃいましたように、都市の生活者が、農村での滞在型休暇、農業体験、自然体験を通じて、農村、農業者と交流していくことが、私たちの事業にとっても大事になっているんじゃないか。それを通じて、組合員が自分たちの食とそれを生産する農への認識を深めて、都市と農村との協同にめざめていってほしいと思うんですね。キューバを対象にして、それを国際化することは、都市と農村の問題だけでなく、先進国と開発途上国、飽食の消費国と飢餓の生産国という問題を含んでいるわけですから、国際的な広がりをもった食農ネットワークという意義をもてると思いますよ。

大窪　それから、「滞在型」といえば、学生だけでなく、僕たち中高年を含めたホームステイを生協が企画したらおもしろいと思うんですね。ホームステイというと、アメリカとかカナダとか先進国ばっかりだけど、第三世界でのホームステイこそ、貴重な体験になると思うんですね。一般にホームステイの最大の問題は、安全と安心が保障されていないということなんですね。現地でいろんなトラブルが起こっています。その点、生協が窓口になって、ICAPを通してやれば、キューバでは安全・安心な、しかも貴重な体験がえられるホームステイができると思うんですよ。「安全・安心の生協で第三世界でのホームステイ」なんて、いかがですか。それこそ、「生活者の国際化」につながると思うんですけれどね。

濱口　まずは基礎づくりですが、基礎ができて生活者レベルの交流が具体化できるようになれば、さまざまな形態の創造的な試みができると思いますね。

山本　ともかく、生協でも、組合員にキューバコーヒーの生産者の顔が見えてくる、さらにはキューバの庶民の顔が見えてくる、というところまでゆくのが先決だと思うんですね。そうすれば、キューバコーヒーの供給も進むと思いますし、食と農のネットワークから、生活・文化の交流へ、さまざまな発展の展望が開けてくると思いますね。

【国境を超える市民ネットワーク】

田中　さっきもいわれましたように、資本も労働力も、どんどん国と国とを超えてボーダレスになっていっているわけですね。だけど、それは利潤という単一の動機に収斂され、アメリカ的価値観という単一の価値観に収斂されていくものになっていっているわけですね。私は、利潤という動機が世界を一つにしていくのは、資本というものの本性からいって、不可避だと思います。だけど、それは単一の価値観で世界が一つになっていくということとはイコールではない。むしろ、そういう単一の価値に向けて世界を収斂していくグローバリゼーションに対しては、経済的・社会的に分権化していくほうが有効に対抗できると思うんですね。そうやって資本が世界を一つにしていく過程で否応なく国際化しなければならない私たちは、むしろ、私たちそれぞれの価値観を大事にして、多様な価値観を前提にして、ほかの面での価値観は違ってもある契機では価値観を共有できるという結びつきを国際的につくっていく必要があると思うんですね。それがネットワークというものだと思うんです。そういう小さな規模の結びつき、小さなグループの提携を国境を超えて多様につくっていくのが、生活者の国際化ということだと思うんですね。

それは、モノとモノとの結びつきではなくて、人と人との結びつきですよね。それは協同組合の原点でもあったと思うんですね。モノを媒介にしていても、人と人との結合が基礎である。それが協同組合の原理です。そういうものを、国際的な生活者の結びつきの中でもつくっていかなければならない。これは、実は、僕ら自身の反省でもあるわけでしてね。はたして、日本の協同組合は、その人と人との結びつきを、ほんとうに基礎にしてきただろうか。モノだけの生協、モノだけの農協になっていやしないか。大学生協だって、そうです。かつては、大学コミュニティで結集する時代があったわけですよ。早稲田は早稲田、明治は明治、東大は東大で、同じ大学だからというだけで、ちょうど地域共同体がそうであるように、学生や教職員が人と人との結びつきを保っている、そういうコミュニティ的状況がありました。大学の自治という理念と、そのある程度の実体があった、ということもあります。大学生協もそれにのっかってやってきた。けれど、いまは大学コミュニティということで結集することは、もうできませんよ。そういう中で、多様化している。結局「モノだけ生協」になっていやしないか。キューバには、日本のような生協のシステムはありません。だけど、

さとうきびは今でもキューバの基幹産業だ

人と人との結びつきは、あるいは日本の生協より、もっと緊密にあるんではないか。

栃原　そうですね。協同組合システムという点では未熟だけど、その原点というか、協同組合が生まれるときの原初的な協同の精神というのは、現在の日本よりはるかにあるように思いますね。

山本「一人は万人のために、万人は一人のために」という精神は、いまのキューバ人の中に日本なんかよりずっと強く見られますからね。だから、キューバには、協同組合の理念を受け入れる基盤はある、というか、すでに理念的にはそういうものは日本なんかより根づいていると思うんですね。

田中　ですから、私たちが、「キューバにも協同組合を」というとき、それは、私たちの協同組合システムの経験を伝えるというものではあっても、協同組合の原理を教えるというものではないと思うんですね。むしろ、日本の協同組合のほうが、キューバの人たちと結びつくことによって、人と人との結びつきという原点を私たちの協同組合の中に回復していくということなんではないか、とすら思うんですね。

山本　キューバというのは、日本の生活者にとって、一つの鏡だと思うんですよ。日本の生活様式の中で日本の鏡に映してみても見えない、もう一つの日本の生活者の像をそこには見ることができる。首都圏コープは、「モノだけ生協」にはなりたくない。もっと違う生協になることをめざしていますす。生活物資の供給事業を行ないながら、生活のありかたを考える、生活のありかたを変える、さらには生き方を考え、生き方を変える生協になりたいんですよ。キューバと国際提携したのも、モノのためだけではありません。もちろん、キューバの産品を産直することが、具体的な商品、つまりモノについて、消費者、組合員の利益にならないなら、やりませんよ。組合員の利益にはなる。だけど、それだけなら、あんな遠い国と、いろんな苦労をして産直をやる意義はそうないわけで、こんなにも積極的にはなれませんよ。けれど、キューバの有機農業の壮大な実験、それからキューバ人の生活や生き方についての考え方、そういうものを知るにつけて、この人たち、この国と提携することは、日本の生協組合員、日本の生活者が、自分たちの生活のありかたを考え、変え、生き方を考え、変えていくうえで、すごいインパクトをもっていると思ったわけですね。

岩垂　グローバリゼーションというのは、結局、生産や貿易を集積・統合して一本にしていくことをめざしているわけで、それは小さな単位や地域社会の破壊をともなっていると思うんですね。それが持続可能な発展を基礎から破壊していくことにもなるわけです。ですから、「シンク・グローバル、アクト・ローカル」(Think global, act local)、地球規模で考え、現場・地域規模で行動しよう、という言葉がありますけれど、自分たちの生活を国際規模、地球規模のつながりの中で考えながら、地域から現場からどうしていくのか、という行動を起こしていくということが大事なんだと思いますね。その行動を国内だけではなくて国際的に結びつけていく市民ネットワークが求められている。いま、日本でも、全体として見ると、そういうネットワークがようやく動き出しているというところだと思うんで、今後を期待したいと思っています。

樋口　比較的小さなグループが国境を超えて結びついていく、というのは賛成だし、まずそこから始まるとは思うんだが、それだけでは実際にはなかなかうまくいかないところがあるんだな。実際にキューバのコーヒー生産地の地域社会と日本の生協組合員の地域社会を考えてみても、単なる交流では解決できない問題が山積しているわけだよ。キューバ政府を動かさなければならないし、日本政府を動かさなければならない。ODA援助を適切に使わせて、社会基盤整備を図っていく必要があるし、そのためにもキューバの現地に自立的地域開発を自主的に進めていく運動が起こらなければならない。キューバ、日本双方のNGOやNPOとも協力関係をつくらなければならない。協同組合間の直接のコミュニケーションや提携も必要だろう。全体としては、生産者と消費者の連帯を実現しながら、ほかの民衆運動とも提携して、政府機関も動かせる国際的対抗力をつくっていく中で、そういう総合的なネットワークづくりを意識的に進めていく必要があると思うんだな。

大窪　そういう総合的なネットワークを持続的にコーディネートできるのは、おそらく協同組合だと思いますね。はたして、協同組合が、そういう機能を果たしうるものになっていくのか、キューバでも日本でも、そして世界全体でも問われているのだと思います。

あとがき――私のキューバ体験をふくめて――

首都圏コープ事業連合　杉山　久資

首都圏コープのキューバとの関係は、一九九八年二月、中澤満正前理事長が田中学東大生協理事長（当時。現大学生協事業連理事長）や他の協同組合関係者の人々と共に、訪問団の団長として渡玖したことから始まりました。中澤前理事長からもたらされた情報は、生協で扱う商品としてのキューバコーヒーの可能性にとどまらず、キューバという、おおかたの日本人にとっては「辺境の知られざる国」が、実は社会主義という我々の経験とは異なった社会体制ではありながら、私達が地球環境に対して持っている願いや政策を、国家として実践しようとしている稀有な存在である、という事実でした。

具体的な取引が開始されたのは、そのちょうど一年後、第二次キューバ訪問団が一二名で編成されてからですが、その後の組合員の参加を含む四次にわたる訪問団のメンバーも含めて、キューバを訪れた人たちの間で一様に交わされる反応は、ある種のカルチャーショックです。

ソ連邦の崩壊、東西ドイツの統合で社会主義は歴史の幕を閉じたと信じられ、キューバが、貧しく暗いイメージの北朝鮮と同様に「テロリスト国家」の烙印を押されて喧伝されているなかで、そういうイメージを抱いて渡玖したら、実はそこには地上のパラダイスが存在していた、とでもいうのでしょうか、そんな反応でした。

キューバは人口一一〇〇万人、国土は一一万平方キロメートル（一一〇〇万ヘクタール）で、人口は日本の一〇分の一、国土は日本の約半分です。日本のGDP（国内総生産）は九九年で五一三兆円ですが、キューバは九七年で一五〇億ドルしかありません。ところが、一人当たりGDPが一三〇〇ドルにすぎないというこのような貧しい状況の下で、教育費無料、医療費無料、生活の基本資材（食料、住居など）など最低限の（最低限といっても、日本の生活水準からするなら「一応事足りる」というものでしかないでしょうが）暮らしを保障し、中南米では稀な（世界でも稀な、といっていい）飢えた人々のいない社会を実現しているのです。

そこには、社会的公正さ（モラル）を徹底して追求する厳格なまでの信念が貫き通されています。深夜でも若い女性が何の不安もなくヒッチハイクできるキューバ社会は、ひょっとしたら安全が空気のように存在していた日本よりも安全ではないか、と思えます。また、そうした社会を建設するためには、国家がどんなに貧しくとも（閣僚ですら、給与はせいぜい一七〇ペソ［一三・五ドル］、議員はボランティア）、頑なまでに〝教育無料〟に固執し、「自分で考え、自分が行動（決断）できる国民をつくる」政策を推し進めるリーダーシップが存在することには、ある種の驚きすら覚えます。

しかも、実際にキューバに行って驚くのは、人々が本当に〝自由〟だということです。ライブのあるディスコなどはもう明け方まで家族ぐるみで踊っています。音楽は街じゅうに存在し、国民の〇・一％、一万二〇〇〇人が音楽家の登録をしているとも聞きました。自分の能力を生かす教育を受ける権利があるのです。教育の中では世界の情勢を正しく認識することが強調されていますが、その中で言われている〝人はモノのみで生きるのではない〟という、そのまま聞けば一種の言い訳にしか聞こえないような命題も、大きな矛盾を抱えた巨大国家＝浪費社会アメリカを対象化して、自立した道義的国家を建設するためのコア戦略として受けとめれば理解できるように思います。

また、そうした高い倫理観、自立性、それを支える知性を重視した国家観は、例えば、非常に明確な意図をもって、就農促進政策を実施しています。国土の五七％が農用地として活用され、農業振興策が様々な形で取り組まれています。農家の収入は公務員の三倍から五倍と言われています。彼らは、農と食から国家再建を始めたのです。ソ連邦の崩壊とアメリカによる経済封鎖は九〇年代、キューバの経済的な困窮を決定的なものにしましたが、彼らはこのようにして、様々な施策を断行し、痛みを人民にのみ押し付けるのではなく、文字どおり全員で共有することを通じて、なんと四年目には最も悲惨であったＧＤＰの前年比マイナス一五％という破滅的状況から、経済成長をプラスに反転させ、その後六年間の経済成長率が平均五・五％という驚異的な立ち直りを実現したのです。

二〇〇一年二月の第四次訪問団についてくれた日本人ガイドによれば、キューバの魅力は一言でいうと〝ストレスがない国〟ということでした。確かにどこの街角や田舎の道ですれ違う人々も、どこか柔和でギスギスしていません。街や田舎のどこを見ても、ゴミが落ちていません。四〇年以上前の型の車が何の不思議もなく走っています。地震がない国ということもあるのでしょうが、古い建物がキチンと塗りなおされて、瀟洒《しょうしゃ》に建っています。ものを大事に使い、メンテナンスが行き届いていると感じざるを得ません。東南アジアのタイ（別な意味で私の大好きな国の一つですが――）なら一〇年も経ったら最早スラム化していると思います。だから、キューバはどこを切り取っても〝絵になる〟感じがするのです。

二〇〇一年のミッションは、実質三日間で訪問先が一三カ所にも及び、その他に商談、打合せが入りましたから、例によって余裕のない旅となりました。コーヒー産地に至っては、（途中蜂蜜産地に寄ったこともありますが）朝四時起きで夕方四時にやっと到着というハードスケジュールでした。山道をトラックで一時間半も揺られて、中には吐きそうになる人も出ながらの視察行となりました。

しかしそうした奥深い山中にもキチンと電柱が立ち、電気が配線されていて、インフラ格差の少なさに驚かされました。その途上、道の両脇に一定のスパンで碑がたっています。そこには革命でなくなった一般戦士の名が刻まれ、〝英雄〟として祭られているということでした。

そういえば、キューバには、カストロ首相の碑や写真は皆無です。社会主義国によくある生きている指導者を偶像崇拝することを忌避しているからと聞きました。亡くなった戦士は下級戦士までその功績が称えられますが、生きた偶像は作らないということでした。そうしたモラリズムは徹底しているように思います。二年前に外務大臣をしていた若手で有望な閣僚がいました。その妻も高位な職責の官僚でしたが、日本からきた客に「ラッタッタ」（電動自転車）をプレゼントされ、夫共々失脚してしまったそうです。もちろんそうしたプレゼントを容認するものではありませんが、日本の官僚社会、政治社会の風土と比較して、なんと落差を感じることでしょうか。

政権のトップは四九年間フィデル・カストロが務めています。これを独裁政権と批判する人たちがいます。また、キューバにはキューバ共産党しか政党はありません。これも一党独裁という状況に違いありません。しかし、実際にキューバを見るにつけ、この「独裁」が永遠であれば、と考えたりします。なぜこんな皮肉なことを考えるのか。確かに経済的な困窮がありますす。また、社会主義的な規制があって、勝ち残った者だけが自由になれる社会ではないかもしれません。でも、それは「独裁」と見えるイニシアティブを通じて、さっき述べたような平等な社会をつくりだしているのです。

カストロは、自由主義諸国から見れば独裁者かもしれませんが、かつての社会主義諸国に見られたような横暴な権力者ではけっしてありません。また、権力を私的に独占しようとしているのではありません。ナンバー2と言われている弟のラウル・カストロは、革命闘争以来のフィデルの最も信頼厚い部下で、現在は軍を担当している国家評議会の第一副議長ですが、彼を後継者にはしないとフィデルははっきりいっています。実質後継者はまだ四二歳のカルロス・ラヘ副議長だとも言われています。北朝鮮の金日成のような世襲は自ら認めないと公言しているわけです。ここには為政者としてのモラルがあります。モラルについては、彼を知る者はカストロは革命家ではない、革命家とはゲバラのような者をいうのであって、カストロの本質は敬虔なクリスチャンなのだと語ります。別の人からも、カストロは非常に厳格なモラリストで、その姿勢は断固とし、モラルの点では妥協を許さないと聞きました。

また、例えばこの国には民族差別は存在しないようにみえます。なにせ優位な民族というのは存在しないからです。性差別もありません。この国は日本で育った男の目から見ると、ある面では「女性にとってはパラダイス」と映ります。何カ所も回った様々な機関でなんと女性の高級管理職の多かったことか。局長や総裁は女性ばかり、という感じがしました。実力さえあれば、ごく普通に女性が仕事ができる。局長や長官にもなれる。当たり前の話ですが、これほど普通に普通の状況ができている国は他にあるでしょうか？　離婚・再婚の回数が多いのもキューバだからこそでしょう。この国では、普通に暮らしていくのに費用はかかりません。家賃はタダ。光熱水費や電話代もタダ。教育費、医療費はもちろん食費は配給制だから食うに困らない。おまけにバス代までタダなんですから、これでは、いやでも男にすがって生きるなんて図はキューバには存在しないようです。いやになったらさっさと別れる。男は捨てられないために一所懸命女性を大事にする。それがむしろキューバの男女関係のように見受けられました。

ソ連が崩壊し、キューバ経済がどん底になったときでも、カストロ首相は、教育と医療の無料化は絶対にやめないと言ったそうです。食う物がなくなり、民衆は革命広場に集まって暴動を起こしました。そのとき、カストロ首相は周囲の反対を押し切って民衆の中に入り、大きな声で語りかけたそうです。カストロがきたとき、最初のうちは、暴動を起こした民衆が口々に罵ったわけですが、カストロ首相の語り口に次第に静かになり、やがて「フィデル・コール」が広がっていった、そしてその後そうした暴動は起きなくなったと、これもいろいろな人から聞いた話です。

キューバは美しい国、その意味で日本と似ています。狭い国土に国を愛する人々がいます。それはまったく同じなのです。しかし、キューバの存在はまさに厳しい国際政治の対決の構図の中にあります。自由主義体制の下に育った私たちは、キューバを異質な世界、自由のない国と呼びます。ところが、私たちはキューバを知るにつけ、〝本当の自由〟とは何かを考えてしまいます。豊かさの中で失われる多くの喜び――持続可能な社会とは、それを破壊する自由をも共存させることで成り立つのか――〝アメリカ発のグローバリズムの落とし穴〟――そんなことを考えさせられてしまいます。

首都圏コープは関東に展開する生活協同組合グループです。なぜ、日本の生協グループがキューバとの取引を始めたか。きっかけはある種の偶然からだったように思います。しかし今では、世界でも有数な良質さを誇るコーヒー、未踏のマングローブ林から産出される貴重な蜂蜜、かつては世界の砂糖生産を支えていたといわれるキューバのサトウキビから作られるラム酒などを産地から直接輸入し、首都圏の多くの生協組合員が共同購入で利用しています。いずれも世界で通用する一級品だと自負しています。一九九八年から始まったばかりの関係ではありますが、私たちは、単に農産物・産品などの商品の関係だけではなく、それをきっかけにいままでも続けてきた交流の中から、日本においてキューバから学ぶものも、キューバにおいて共に作っていくものも、今後とも共有できるように考えています。遠い国であり、まだまだ計り知れない奥深いリスクが潜んでいるのかもしれませんが、カリブ海の美しい島に生きる彼らの素朴な良心と明るさは、私たち日本の協同組合の良心と、ある面では葛藤しながらも、結び合っていけると信じています。

二〇〇二年は、日本とキューバが国家として認め合ってから一〇〇周年の年だそうです。一九〇二年に、当時の明治天皇との書簡の中で、非公式ではあるけれども、相互の国家の認知が行なわれたのだということです。その記念すべき一〇〇周年ということで、大きなイベントの開催がハバナで計画されています。支倉常長の銅像が建立され、その祝典にも首都圏コープの代表の出席が招聘されています。私たちは既に公式に四次にわたる生協ミッションを派遣してきましたが、今年も共に祝う立場で五月に渡玖を計画しています。

このような私たちの協同組合としてのキューバとの交流からえたものをもとにしながら、より多くの人々が世界の中に数あるあまり知られていない〝事実〟の一つとして、〝壮大な実験場〟としてのキューバを理解していただけたらと願い、本書の出版は企図されました。

一九九八年にキューバの地を訪れたローマ法王がいみじくも語ったように世界はキューバにもっと開かれるべきだ、と心から考えます。この書を読んで、ぜひ一度行ってみたいと思っていただければ、この上ない喜びです。また、私たちの共同購入を通じて、キューバの優れた農産物・産品を是非一度利用してみて下さい。きっと満足されると自信をもってお勧めできます。

最後に、本書の出版は樋口篤三さんの志と編集者の大窪一志さんの協力とがなかったら実現しなかっただろうことを申し添え、更に駐日キューバ大使館、駐玖日本大使館のご理解・ご協力に感謝して筆をおきます。

二〇〇二年三月

[座談会出席者プロフィール]

岩垂　弘（いわだれ・ひろし）
　1935年長野県生まれ。1958年朝日新聞社に入社、社会部次長、編集委員などを歴任。1995年退職とともにフリーのジャーナリスト。平和・協同ジャーナリスト基金代表運営委員。著書に『平和と協同を求めて』『生き残れるか、生協』（同時代社）『日本原爆論大系』（日本図書センター）など。

大窪一志（おおくぼ・かずし）
　1946年神奈川県生まれ。東京大学文学部哲学科卒業。筑摩書房、日本生協連等の勤務を経て、現在著述業。著書:『協同を求めて』『日本型生協の組織像』『風はキューバから吹いてくる』他。訳書:マシュー・パリス『インカコーラ』、ピート・デイヴィス『ハート・オブ・アメリカ』他

田中　学（たなか・まなぶ）
　1938年広島県生まれ。東京大学名誉教授。全国大学生協連合会会長理事。1998年第一次生協・協同組合交流団のメンバーとしてキューバ訪問。主に農業・食料問題とキューバにおける協同組合の可能性に関心を寄せている。

栃原　裕（とちはら・ゆたか）
　1944年熊本県生まれ。協同社会研究会コーディネーター。（全）東京水道労働組合・練馬東分会長、NPOシニアふれあい練馬・事務局長、すずしろ医療生協理事、練馬・生活者ネットワーク会員。

濱口廣孝（はまぐち・ひろたか）
　1945年10月7日生まれ。、三重県奥志摩出身。東京都立駒場高校定時制卒業。民間大手企業に就職したが、労働争議が起こり労働組合が分裂し、第一組合青年部で活動。ベトナム反戦闘争、70年安保闘争等を経験。72年東京南部で設立された「あけぼの生活協同組合」（現東京マイコープ）に入協。90年首都圏コープ事業連合発足と同時に移籍、98年同連合会理事長に就任。

樋口篤三（ひぐち・とくぞう）
　1928年生まれ。静岡県沼津市出身。1990年ピースボート初の世界一周号で水先案内人（講師）に。米国政府は「キューバに行くな」と強要したが、ハバナへ。共産党・外務省は大歓迎し同氏が代表で会談。97年の第一回生協交流団で党バラゲール国際局長・政治局員、コリエリICAP総裁らと交流。第二次、第三次交流団でも顧問として参加。

山本伸司（やまもと・のぶじ）
　1952年7月14日、新潟県佐渡に生まれる。新潟高校にて高校生運動を行ない、中退。1978年東京都調布市にあった調布生協（現東京マイコープ）に参加。1990年神奈川県けんぽく生協（現神奈川ゆめコープ）専務理事。1996年首都圏コープ事業連合商品部長に転任。現在首都圏コープ事業連合商品統括本部長。食と農にこだわっている。山歩きが大好きである。

大田次郎（おおた・じろう）
　1950年埼玉県生まれ。1993年生活協同組合ドゥコープ入協。2001年12月首都圏コープ事業連合移籍。現在商品統括本部付スタッフ。2000年11月、ハバナ市で開催された国際友好連帯会議に参加。以来、首都圏コープにてキューバ関連事務局を担当。沖縄・キューバ友好協会会員。

有機《ゆうき》農業《のうぎょう》大国《たいこく》キューバの風《かぜ》
生協の国際産直から見えてきたもの

2002年4月15日　初版第1刷発行　定価1800円十税

編　者　首都圏コープ事業連合
発行者　高須次郎
発行所　緑風出版
〒113-0033　東京都文京区本郷2-17-5　ツイン壱岐坂
［電話］03-3812-9420　［FAX］03-3812-7262
［E-mail］info@ryokufu.com
［郵便振替］00100-9-30776
［URL］http://www.ryokufu.com/
装　幀　堀内朝彦
写　植　R 企 画
印　刷　モリモト印刷　巣鴨美術印刷
製　本　トキワ製本所
用　紙　大宝紙業　E2000

…ISBN4-8461-0204-1　C0061

◎緑風出版の本

▨全国どの書店でもご購入いただけます。
▨店頭にない場合は、なるべく書店を通じてご注文ください。
▨表示価格には消費税が転嫁されます

安全な暮らし方事典
日本消費者連盟編

A五判並製
三五九頁
2600円

ダイオキシン、環境ホルモン、遺伝子組み換え食品、食品添加物、電磁波等、今日ほど身の回りの生活環境が危機に満ちている時代はない。本書は問題点を易しく解説、対処法を提案。日本消費者連盟30周年記念企画。

ルーカス・プラン
ヒラリー・ウエインライト／デイブ・エリオット著　田窪雅文訳

A5判並製
三六〇頁
4000円

「景気後退と人員整理に対する積極的代案」を掲げて立ちあがったルーカス労働者の闘いの全体像を明らかにした本書は、大失業時代に抗する労働運動の方向を示すばかりでなく、「もう一つの社会」への展望をも構想する。

ワーカーズ・コレクティブ
——その理論と実践
メアリー・メロー／ジャネット・ハナ／ジョン・スターリング著　佐藤紘毅／白井和宏訳

四六判上製
三八八頁
3200円

労働者協同組合＝ワーカーズ・コレクティブ運動は、資本の論理に対抗し、労働と生活の質を変える社会運動として注目されている。本書は、ワーカーズ・コレクティブ運動の歴史と現状、理論と実践の課題をまとめたもの。

労働者の対案戦略運動
——社会的有用生産を求めて
ワーカーズ・コレクティブ調整センター編

四六判並製
三二八頁
2500円

平成大不況の中で、企業の論理と対決する労働者の対案戦略運動が注目されはじめた。本書は、労働の質を問い直し、社会的有用生産とは何かを考える労働者生産協同組合の理論と清掃・水道など現場の対案戦略の実践を報告。